ダム事業における
イヌワシ・クマタカの調査方法〔改訂版〕

財団法人 ダム水源地環境整備センター　編・著

信山社

改訂版の発刊にあたって

　当センターは平成13年に、ダム事業におけるイヌワシ・クマタカの調査方法を調査マニュアルとしてとりまとめ、「ダム事業におけるイヌワシ・クマタカの調査方法」を発刊しました。当時、ダム事業に関してイヌワシ・クマタカの調査が本格的に行われつつありましたが、特にクマタカについての調査方法が確立されていなかったことから、事業によって調査内容や調査方法が様々でした。

　このような背景から発刊した初版は、ダム事業が及ぼすイヌワシ・クマタカへの影響の予測評価に当たって、ダム建設前に必要な調査内容を整理したものであります。この初版により、全国レベルで一定の調査精度が確保できたことの意義は大きいものと考えております。

　近年、全国のダム事業関係者からダム建設前だけでなく、工事期間中及び存在・供用時の調査方法についても調査マニュアルが欲しいという要望があったことから、この度、ダムの工事期間中及び存在・供用時における調査方法を新たに加えて、改訂版として発刊することとしました。

　改訂版では、生態系の保全という目的を確実に遂行するために、イヌワシ・クマタカの生活史に応じて必要となる調査を具体的に盛り込むとともに、初版の内容に関しても最新の情報や知見を追加しております。本改訂版の発刊がダム事業におけるイヌワシ・クマタカの調査の的確な実施と生態系の保全につながることと確信しております。

　最後に、本書の作成にあたってご協力をいただきました「イヌワシ・クマタカ等調査指針検討委員会」の小野委員長、阿部委員、山﨑委員をはじめとする多くの関係者の方々に深く感謝を申し上げます。

平成21年2月
財団法人　ダム水源地環境整備センター
理事長　渡辺和足

はじめに

　猛禽類は地域の生態系(生息地域の食物連鎖)の頂点に位置し、自然の豊かさを象徴する生き物であるとされている。しかしながらその多くの種は、近年の生息環境の悪化などにより、分布域の減少や生息数の減少が指摘され、生物としての希少性からもその保全を強く求められている。なかでもイヌワシやクマタカは環境省のレッドリスト(2006年12月発表)の絶滅危惧IB類に指定されているとともに、「絶滅のおそれのある野生動植物の種の保存に関する法律」では国内希少野生動植物種として保護の対象となっており、イヌワシは天然記念物にも指定されている。また、イヌワシ・クマタカは日本の森林生態系の食物連鎖の上位種であり、イヌワシ・クマタカの生存は、その地域の生態系が健全に維持されていることを示す指標であるといえる。このように、重要種でもあり、生態系の保全を図る上での指標種としても重要な意味を有する両種は、社会的にも注目され、各種の大規模事業における保全の取り組みが重要な課題である。

　本書は、1996年に環境庁から発刊された「猛禽類保護の進め方」に示された方向性をもとに、ダム事業における具体的な調査方法として初版が平成13年に発刊された。初版での記載内容は、事業による影響を評価するのに必要な調査内容についてまとめたものである。

　このため、初版ではダムの工事期間中及び完成後における調査方法については示していなかったことから、本改訂版では工事期間中及び完成後のダムにおける調査方法を追加するとともに、平成13年当時の原稿についても最新の情報を含めて追加・修正した。

　なお、本書は、ダム事業における調査を前提にしたものであり、その意味からも学術的な生態調査とは異なる点がある。例えば、現在はGPS機能を搭載した発信器を捕獲個体に取り付けて、その個体の位置を確認する方法が開発されており、クマタカの生態情報の蓄積に貢献している。しかしながら、この方法は捕獲した個体のデータしか得られず、事業と関連する全つがいについて検討しなければならないダム事業の調査においては一般的ではないと考えられることから、本書の調査方法としては採用しなかった。

　本書が、イヌワシ・クマタカの保全のために必要な調査が的確かつ効率的に行われることに活用されることを期待するものである。

　本書の内容については、「イヌワシ・クマタカ等調査指針検討委員会」を設置し、委員の方々に検討していただいたものである。

イヌワシ・クマタカ等調査指針検討委員会

委員長	小野　勇一	九州大学名誉教授
	阿部　　學	特定非営利活動法人ラプタージャパン理事長
	山﨑　　亨	アジア猛禽類ネットワーク会長、クマタカ生態研究グループ会長

目　次

改訂版の発刊にあたって
はじめに

ダム事業における
イヌワシ・クマタカ調査の進め方 ………… **1**

イヌワシ・クマタカの生態 ……………… **5**

第1部　工事前のダムにおける調査方法

1.1　工事前のダムにおける調査の考え方 … **15**
1.2　分布情報調査 ………………………… **17**
　1.2.1　調査目的 ……………………… **17**
　1.2.2　調査方法と調査の進め方 ……… **17**
1.3　生息分布調査 ………………………… **19**
　1.3.1　調査目的 ……………………… **19**
　1.3.2　調査方法と調査の進め方 ……… **19**
　1.3.3　調査範囲の設定 ……………… **19**
　1.3.4　観察定点の設定 ……………… **22**
　1.3.5　調査時期と回数 ……………… **24**
　1.3.6　調査日数 ……………………… **24**
　1.3.7　調査時間 ……………………… **24**
　1.3.8　調査人数 ……………………… **25**
　1.3.9　生息分布調査結果と内部構造調査
　　　　 への移行 ……………………… **25**
1.4　内部構造調査 ………………………… **26**
　1.4.1　調査目的 ……………………… **26**
　1.4.2　調査方法と調査の進め方 ……… **26**
　1.4.3　観察定点の設定 ……………… **34**
　1.4.4　調査時期と回数 ……………… **34**
　1.4.5　調査日数 ……………………… **35**
　1.4.6　調査時間 ……………………… **35**
　1.4.7　調査人数 ……………………… **35**
　1.4.8　営巣地の調査 ………………… **35**

1.5　行動圏の内部構造の解析 …………… **37**
　1.5.1　行動圏の内部構造の解析手順 …… **37**
　1.5.2　観察条件の整理 ……………… **37**
　1.5.3　観察結果の整理 ……………… **41**
　1.5.4　図面の整理 …………………… **47**
　1.5.5　データのチェック …………… **50**
　1.5.6　行動圏の内部構造の整理 …… **51**
1.6　工事前のダムにおける調査のまとめ … **90**

第2部　工事期間中のダムにおける調査方法

2.1　工事期間中のダムにおける調査の考え方 … **93**
　2.1.1　工事による影響が予測される
　　　　 つがいに関する調査 …………… **96**
　2.1.2　工事による影響が予測されない
　　　　 つがいに関する調査 …………… **96**
2.2　繁殖状況の把握調査 ………………… **97**
　2.2.1　調査目的 ……………………… **97**
　2.2.2　調査方法と調査の進め方 ……… **97**
　2.2.3　観察定点の設定 ……………… **97**
　2.2.4　調査時期と回数 ……………… **97**
　2.2.5　調査日数、調査時間、調査人数 … **98**
2.3　繁殖成否の確認調査 ………………… **98**
　2.3.1　調査目的 ……………………… **98**
　2.3.2　調査方法と調査の進め方 ……… **98**
　2.3.3　観察定点の設定 ……………… **98**
　2.3.4　調査時期と回数 ……………… **98**
　2.3.5　調査日数、調査時間、調査人数 … **98**
2.4　産卵の確認調査 ……………………… **98**
　2.4.1　調査目的 ……………………… **98**
　2.4.2　調査方法と調査の進め方 ……… **98**
　2.4.3　観察定点の設定 ……………… **99**
　2.4.4　調査時期と回数 ……………… **99**
　2.4.5　調査日数、調査時間、調査人数 … **99**

- 2.5 行動圏の内部構造の変化の把握調査 … **99**
  - 2.5.1 調査目的 …………………… **99**
  - 2.5.2 調査方法と調査の進め方 ………… **99**
  - 2.5.3 観察定点の設定 ……………… **99**
  - 2.5.4 調査時期と回数 ……………… **100**
  - 2.5.5 調査日数、調査時間、調査人数 … **100**
- 2.6 繁殖の継続・失敗を特徴付ける行動 … **101**
- 2.7 工事期間中のダムにおける調査のまとめ **101**

第3部 完成後のダムにおける調査方法

- 3.1 完成後のダムにおける調査の考え方 … **107**
  - 3.1.1 貯水池の出現等による影響が予測されるつがいに関する調査 ……… **107**
  - 3.1.2 貯水池の出現等による影響が予測されないつがいに関する調査 …… **107**
- 3.2 繁殖状況の把握調査 …………………… **107**
  - 3.2.1 調査目的 …………………… **107**
  - 3.2.2 調査方法等 ………………… **107**
- 3.3 繁殖成否の確認調査 …………………… **108**
  - 3.3.1 調査目的 …………………… **108**
  - 3.3.2 調査方法等 ………………… **108**
- 3.4 行動圏の内部構造の変化の把握調査 … **109**
  - 3.4.1 調査目的 …………………… **109**
  - 3.4.2 調査方法等 ………………… **109**
- 3.5 完成後のダムにおける調査のまとめ … **109**

〈引用文献〉 ……………………………………… **111**

コラムの目次

調査の対象	16
現地調査に当たっての諸注意	16
調査手法について	17
聞き取り調査実施上の注意点	17
聞き取り調査結果の注意点	17
個体識別について	19
調査終了後のミーティングの重要性	19
生息分布調査における注意点	22
内部構造調査への移行のタイミング	26
指標行動の観察における注意点	27
内部構造調査における注意点	27
本書におけるイヌワシ・クマタカ以外の重要な猛禽類の位置づけ	28
観察定点数	34
内部構造調査の地点配置	34
調査期間	35
巣の位置の推定方法	36
観察時間	41
データチェックの考え方の例	50
環境保全措置等	93
工事期間中の調査の対象	97
産卵日	99
観察定点を設置する際の注意点	100
調査終了の判断	100
工事騒音について	101

ダム事業における
イヌワシ・クマタカ調査の進め方

ダム事業は、事業計画が立案されてからダムが完成するまでに長い年月を必要とする。ダム事業は、計画が立案されるとまず事業による環境影響の予測評価を行う。この結果、事業の実施が認められるとダムの工事が実施される。そして試験湛水により安全性等が確認されるとダム完成となり管理へと移行する。

　イヌワシ・クマタカの調査は、ダム事業の進捗状況にあわせて行われるため、その調査目的、内容が事業の段階に応じて異なってくる。工事実施前の調査では環境影響の予測評価を行うためのデータ収集を目的に実施する。その結果を基に環境影響の予測評価が行われ、事業として認められれば工事が実施される。工事期間中の調査は、「工事中における影響予測の結果の検証・確認」と「工事の進行に伴い追加・修正すべき環境保全措置が生じていないかを確認するためのデータの収集」を目的に行う。ダム完成後の調査では「ダム完成後(存在・供用)における影響予測の結果の検証・確認」を目的に行う。

　本書ではダム事業の段階に応じて第1部から第3部まで調査方法を分けて記載した。しかし一方で、ダム工事の実施中にイヌワシやクマタカの生息がはじめて確認される場合も考えられる。このような場合には工事期間中であっても第2部の調査からはじめるのではなく、第1部の調査内容を実施したうえで第2部の調査を実施する必要がある。

第1部　工事前のダムにおける調査方法
・分布情報調査により、イヌワシ・クマタカの生息の有無を確認
・生息分布調査により、事業と関連するつがいを抽出
・内部構造調査により、事業と関連するつがいの行動圏とその内部構造の詳細を把握
・以上の調査により影響予測に必要なデータを収集

ダム事業による環境影響の予測と評価

第2部　工事期間中のダムにおける調査方法
・工事中の影響予測の結果の検証・確認
・工事の進行に伴い、追加・修正すべき環境保全措置が生じていないかを確認するための基礎データを収集

試　験　湛　水

第3部　完成後のダムにおける調査方法
・ダム完成後における影響予測の結果の検証・確認

図－1　ダム事業におけるイヌワシ・クマタカ調査の進め方

イヌワシ・クマタカの生態

イヌワシ及びクマタカは、共に日本の山岳地帯を代表する大型の猛禽類である。そのため、ダム事業予定地の多くが両種の生息地と重複している。

ダム事業は事業規模が大きいことから、事業の実施に際しては環境影響の予測・評価を実施しなければならない場合が多い。イヌワシ及びクマタカは「絶滅のおそれのある野生動植物の種の保存に関する法律」等により保護の対象となっている種である。このような保護の対象種は「重要種」として位置づけられ、環境影響の予測・評価を実施する場合にはその対象種としなければならない。

また、環境影響の予測・評価を実施する際には「生態系」への影響についても予測・評価することになっている。生態系への影響を予測・評価する際には、その生態系の食物連鎖の上位種に注目した調査、典型的な生物群集等に注目した調査、特殊な生息種・生息環境に注目した調査等を実施することになっている。この際、イヌワシ及びクマタカは日本の森林生態系の食物連鎖の最上位種であることから、生態系を調査する際の食物連鎖の上位種（上位性注目種）に該当することが多く、予測・評価の対象種となる場合が多い。

イヌワシは北海道から九州まで分布・確認されているが、分布地は限られており安定的に繁殖が確認されているのは東北地方から本州中部、北陸地方周辺である。日本での個体数は最低200つがいとされている（環境省、2004年8月発表）。日本では留鳥として生息し、秋から求愛行動が開始され2月上旬から中旬に産卵、5月下旬から6月上旬に巣立つ（環境庁自然保護局野生生物課、1996）（図－2）。基本的には1年中つがいで行動する。餌はノウサギ、ヤマドリ、ヘビに偏っており、これらの種を夏は伐採地や雪崩崩壊地等のオープンエリアで、冬はこれに加えて葉の落ちた落葉広葉樹林等で捕獲する。繁殖率は近年明らかに低下している。

イヌワシは翼を広げると2mにもなる大型の猛禽類である。成鳥は全身が黒褐色だが、後頭部が黄金色となるため、英名ではゴールデンイーグルと呼ばれる。一方、亜成鳥は翼と尾羽に白い斑がでることから、「三つ星」と呼ばれることもある。

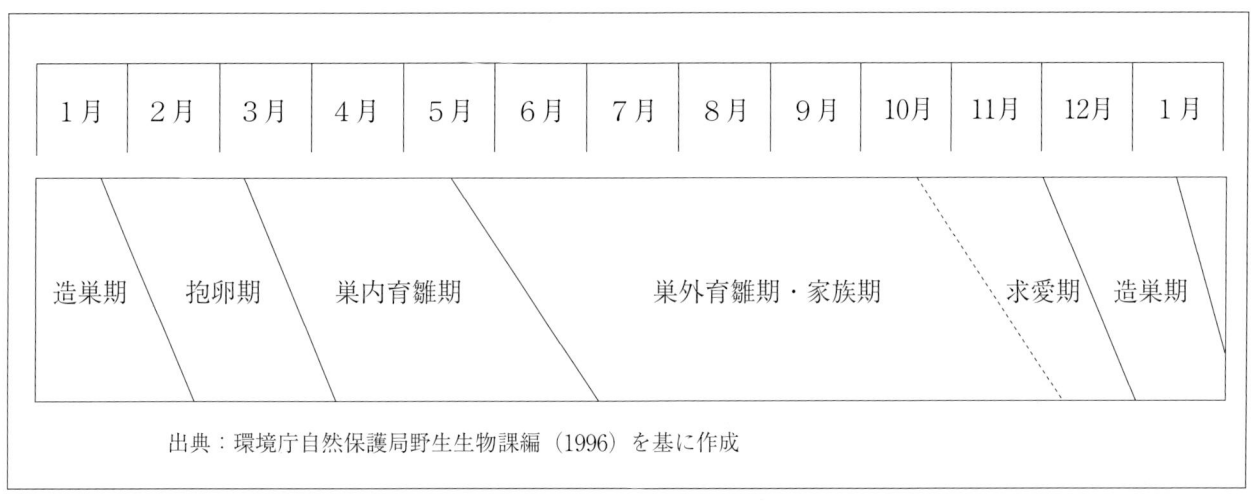

図－2　イヌワシの生活サイクル

イヌワシの成鳥の止まり

成鳥は全身が黒褐色だが、後頭部が黄金色となる。

イヌワシの幼鳥の飛翔

幼鳥は翼と尾羽に白い斑がでることから、成鳥と明確な区別ができる。

イヌワシの成鳥の飛翔

成鳥は背面・腹面とも黒褐色。翼を広げると2mにもなる。

巣から飛び出すイヌワシのつがい

巣に止まっていた雌(右)が、近づいてきた雄(左)に気がつき、巣から飛び出した。

クマタカは北海道から九州までの山岳地帯に普通に分布している。「日本での個体数は最低900つがい（環境省、2004年8月発表）とされるが、分布地域とつがい密度から推定するとこれよりも多いことは明らかである。留鳥として分布しており、晩秋から求愛行動が開始され3月上旬から下旬に産卵、7月中旬から8月中旬に巣立つ（環境庁自然保護局野生生物課、1996）（図-3）が、地域や年により1ヶ月以上の幅がある。繁殖期のみつがいが形成される。餌は小型～中大型の哺乳類、小型から大型の鳥類、ヘビ類まで多様であり、特定の種を選んで捕食するのではなく、その地域で最も数が多く捕りやすい動物を捕食するという特徴がある（クマタカ生態研究グループ、2000）。狩りは主に森林内で行われる。現在の全国の平均的な繁殖率は概ね30％程度と考えられる。

クマタカも翼を広げると1.6mになる大型の猛禽類である。背面は全体的に焦茶色で、腹面は白い。飛翔した姿を下面から見ると、白い体色にはっきりとした黒い線がでる。成鳥は全体的に黒みが強く、尾羽の黒帯は太くて本数が少なく、目の色は濃い黄色からオレンジ色である。一方、幼鳥は特に腹面が白く、尾羽の黒帯は細くて本数が多く、目の色は青灰色である。

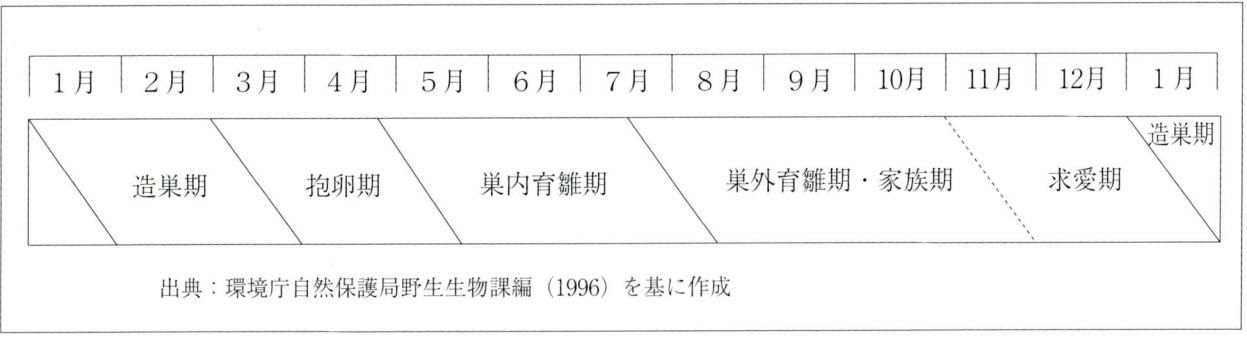

出典：環境庁自然保護局野生生物課編（1996）を基に作成

図-3　クマタカの生活サイクル

クマタカの成鳥の飛翔

翼を広げると1.6mになる。飛翔した姿を下面から見ると全体的に白っぽく、翼と尾に縞模様が見える。背面は暗褐色であり、尾には黒帯がでる。

イヌワシ・クマタカの生態

| クマタカの成鳥の止まり | クマタカの幼鳥の止まり |

成鳥は背面は暗褐色で腹は白い。顔は黒く、換羽がある。尾羽には黒帯がある。幼鳥は成鳥に比べ全体的に白っぽく、特に腹面が白い。

クマタカの成鳥の特徴　　クマタカの幼鳥の特徴

上段：成鳥の目の色は濃い黄色からオレンジ色であるのに対し、幼鳥の目の色は青灰色である。
下段：尾羽にある黒帯は成鳥では太く少なく、幼鳥では細く本数も多い。

イヌワシ・クマタカの生態を表-1に示す。

表-1(1) イヌワシ・クマタカの生態等の概要

	イヌワシ	クマタカ
主要な法令等の指定状況	1.「絶滅のおそれのある野生動植物の種の保存に関する法律」の国内希少野生動植物種 2.天然記念物 3.レッドリスト(環境省、2006年12月発表)の絶滅危惧IB類	1.「絶滅のおそれのある野生動植物の種の保存に関する法律」の国内希少野生動植物種 2.レッドリスト(環境省、2006年12月発表)の絶滅危惧IB類
国内の分布	北海道、本州、四国、九州。 ただし、四国ではイヌワシの生息は確認されているが、つがいは確認されておらず、九州のつがい数は1つがいである(日本イヌワシ研究会、1997)。西日本には少ない。	北海道、本州、四国、九州
生息環境	山地(標高は関係ない)に留鳥として分布。 大きな崖地と急斜面、その下方に森林と草地が組み合わさっている環境が重要(環境庁編、1991)。ひとつの行動圏は顕著な大きな谷を単位として形成されることが多い(日本イヌワシ研究会、1987)。	全国の山地に留鳥として分布。本州では標高1,500m辺りまでの森林(落葉広葉樹林、針広混交林等)に分布。大きな谷が重要で、各行動圏は尾根を境界としている(森本ほか、1992、山﨑ほか、1995)。
個体数	国内のつがい数は最低200ペア、推定個体数は約650羽(環境省、2004年8月発表)	国内のつがい数は最低で約900ペア(環境省、2004年8月発表)。
生活サイクル	10～11月頃から求愛行動がなされ、12～1月頃に巣造り、2月上～中旬頃に産卵、3月中～下旬に孵化する例が多い。巣立ちは5下旬～6月中旬頃が多い(環境庁自然保護局野生生物課、1996)。	11～12月頃に求愛行動がなされ、1～2月頃に巣造り、産卵は3月上～下旬で、3月下旬が多い。孵化は4月下旬～5月下旬であるが、5月中旬が多く、巣立ちは7月中旬～8月中旬であるが、7月下旬が多いと考えられる(環境庁自然保護局野生生物課、1996)。なお、産卵については2月下旬～5月上旬までの記録がある。
営巣環境	巣は岩棚に造ることが多いが、大木に造ることもある。普通複数の代替巣を持つ(環境庁自然保護局野生生物課、1996)。	営巣環境は、巣をかける木の周辺にクマタカが飛行できるだけの十分な間隔がある林(植生が疎であること)。高木が多数あり、その場所は生息地域の最低～最高標高の中間より低い位置で、営巣斜面の中間より高い位置等(クマタカ生態研究グループ、2000)。 営巣環境は、ある調査では二次林が4箇所、二次林と植林の混交林が3箇所、自然の高木が散在する植林が3箇所、植林地が1箇所であった(山﨑ほか、1995)。
繁殖	年1回繁殖するが繁殖しない年もある。 1腹卵数は1～3で普通2個であるが日本では普通巣立つのは1羽のみである(日本イヌワシ研究会、1986)。 抱卵日数44～47日、育雛期間は70～94日で平均78日、造巣は雌雄で行うが雄が主導権を持ち、抱卵・育雛の大部分は雌が行う(環境庁編、1991)。	毎年繁殖する個体や隔年で繁殖する個体等がいるが、詳しい状況は不明である。 1腹卵数は1。抱卵日数及び育雛期間はそれぞれ47日、71日との例がある(森本ほか、1992)。

表−1(2) イヌワシ・クマタカの生態等の概要

	イヌワシ	クマタカ
繁殖率	全国の繁殖成功率は、1981年～1985年が47.1%、1986年～1990年が40.7%、1991年～1995年が26.7%、1996年～1999年が22.9%(日本イヌワシ研究会、1997、2001)と近年明らかな低下傾向がある。	繁殖率の経年変化については、西中国山地では1981～1985年は85.7%、1986～1990年は62.5%、1991～1995年は36.8%、1996年は8.4%と低下していること、奈良県では1983～1994年は一部を除くとほとんど100%が繁殖に成功したが(13ペア対象)、近年では70～80%と低下していること、京都では1970年代は複数ペアが毎年繁殖していたが、1980年に入ってからは失敗することの方が多くなったことが報告されている(クマタカ生態研究グループ、2000)。しかしこれらの例では、サンプル数(調査つがい数×調査年数)は報告されていない。また、広島県における例では、1982～1992年の間の7年間の繁殖率は50%と報告しているが、対象つがい数は1つがいである(森本・飯田、1992)。 一方、鈴鹿山脈の1987年～1998年の繁殖率はサンプル数が40で繁殖率は37.5%であった(クマタカ生態研究グループ、2000)。
食性	ノウサギ：46.7%、ヤマドリ：15.7%、アオダイショウ：14.8%、種は不明のヘビ類：8.5%であり、これらで全体の85.7%を占める(調査数1206例)(日本イヌワシ研究会、1983)。	小型の鳥からタヌキ、アナグマ、カモシカのような哺乳類までさまざまな動物を食しており、その特徴としては、特定の種を選んで捕食するのではなく、その地域で最も数が多く捕りやすい動物を捕食する(クマタカ生態研究グループ、2000)。
行動圏と内部構造	行動圏の全国平均は60.8km^2(21.0～118.8km^2)(日本イヌワシ研究会、1987)であるが、生息地の条件によりばらつきがある。秋田県の田沢湖の例では行動圏は繁殖期：89km^2、非繁殖期：238km^2。このうち、高頻度利用地域は7.6km^2、占有領域は2.8km^2(日本イヌワシ研究会ほか、1994)	繁殖ペアの行動圏はコアエリア(7～8km^2)、繁殖テリトリー(約3km^2)、幼鳥の行動範囲(巣から外縁が概ね500m～1km)からなっている(クマタカ生態研究グループ、2000)。 巣間距離は、2～5km程度(森本ほか、1992、須藤、1985、水野、1988)、平均4km(1.5～5.6km)(クマタカ生態研究グループ、2000)
個体群構造	つがいもしくは家族群で生息。	クマタカの個体群は繁殖つがいとその幼鳥、分散個体及び成鳥の非繁殖個体による階層構造により構成されていると考えられる(山崎ほか、1995)。
行動	イヌワシの飛行目撃は10時ごろから急に多くなり、11時前後と13時から15時にピークが観察される(山﨑b、1985)	ハンティングの時間は主に10～11時、13～14時にピークがあるが、日の出、日の入り前後にハンティングすることもあると考えられる(山﨑b、1985)。
狩り場、餌場、休息場	ハンティングの行われる環境は草地・低木疎林に多いとされ、伐採地、草地・丈の低い低木の散在する荒れ地は春から秋にかけて、二次林は冬の落葉期に利用される(山﨑a、1985)。 ハンティングは主に晴天から曇天にかけて行われ、雨天には行わなかった(井上、山﨑、1984)。	ハンティングの行われる環境は伐採地、広葉樹林脇の鉄塔管理道、植林、草地・低木疎林、林道の順とする報告(森本・飯田、1992)や、通常の捕食場所として、中小動物の豊富な河川沿いや林縁部が重要である(山﨑ほか、1995)と報告している例がある。また、雄は森林内で待ち伏せや小移動しながら雌の獲物よりも比較的小型の餌を捕り、雌はオープンエリアで長時間の待ち伏せにより獲物を捕る(クマタカ生態研究グループ、2000)。 ハンティングは天候に左右されずに行われた(井上、山﨑、1984)。 ねぐら場所は日によって異なり、特定の場所はない(山﨑、1995)。 クマタカの狩り場環境を多変量解析した結果では、クマタカの狩り場を決定する環境要因として、植生の他、巣からの距離、斜面方向、川からの距離等も関係していることが明らかとなっている(名波ほか、2006)。

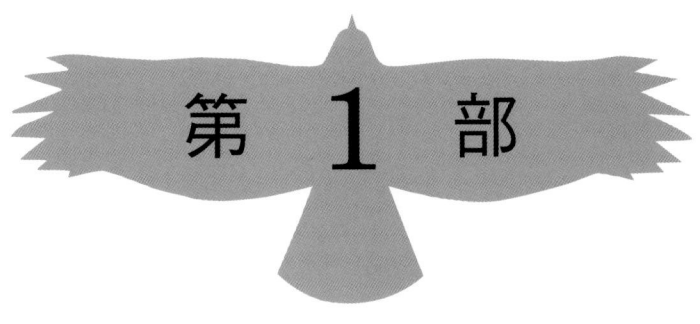

第1部

工事前のダムにおける調査方法

第1部では、工事前のダムにおける調査方法について解説する。工事前のダムにおける調査は、環境影響の予測・評価に必要となるデータの収集を目的に行われる。

調査は、イヌワシ・クマタカの生息の有無を確認する文献調査からはじめ、生息が確認された場合には、現地調査により、事業と関連するつがいを選定し、そのつがいの行動圏とその内部構造の把握へと段階的に調査水準を上げていくこととなる。

1.1 工事前のダムにおける調査の考え方

ダム事業が計画された際に、どの程度の情報が既にあるかは個々のダムによって異なるところではあるが、情報が全くない場合、一般的には概略的な調査に始まり、最終的にはつがいの内部構造の把握のための調査へ至る。具体的には図－4のフローに示すように調査は大きく3つの段階に区分される。第一段階（分布情報調査）では、本地域にイヌワシ・クマタカが生息しているかについて文献等により調査する。第二段階（生息分布調査）では、第一段階でイヌワシ・クマタカの生息が確認もしくは推測された場合に、事業と関連するつがいを抽出する調査を行う。第三段階（内部構造調査）では、第二段階で事業と関連するつがいが確認された場合に、事業と関連するつがいの行動圏等の詳細な生息状況を調査する。

(1) 分布情報調査

分布情報調査は、現地調査を効果的に組み立てるため、必要な情報を収集する予備調査である。収集する情報はイヌワシ・クマタカの生息の有無や分布状況についてであり、既存の文献調査、各関係機関、地元住民等への聞き取り調査を行う。また、合わせて植生図等も収集または作成する。

なお、この段階で生息に関する情報が得られなかった場合でも、一般的なイヌワシ・クマタカの分布特性や地域の自然環境を考慮して、その生息の可能性が否定できない場合は現地調査を実施する。

(2) 生息分布調査

生息分布調査は、現地調査により対象地域周辺のイヌワシ・クマタカの分布状況を把握するものであり、次の段階である内部構造調査の対象つがいを抽出するために行う。事業と関連するつがいを抽出し、その行動圏を把握するためには、隣接するつがいの分布状況も調査し、両者の位置関係を把握する必要があると考えられる。そのため、生息分布調査は、まず広域な分布状況を把握することからはじめることになる。また、この調査は地域個体群の分布状況を把握する意味でも重要である。

(3) 内部構造調査

イヌワシ・クマタカは広い行動圏を持つが、その行動圏の中を均等に利用しているわけではなく、例えば主に狩りを行う地域、主に巣をかまえ幼鳥を養育する地域等の利用状況や、利用頻度の高い地域と低い地域といった利用頻度に差がある。このように、つがい単位の行動圏内の利用状況による空間の区分を内部構造と定義した。

内部構造調査は、生息分布調査により確認されたつがいのうち、事業との関連が想定されるつがいについて、その行動圏と内部構造を明らかにするものである。

この結果を基に、イヌワシ・クマタカと事業との関連性を整理することになる。

1　工事前のダムにおける調査方法

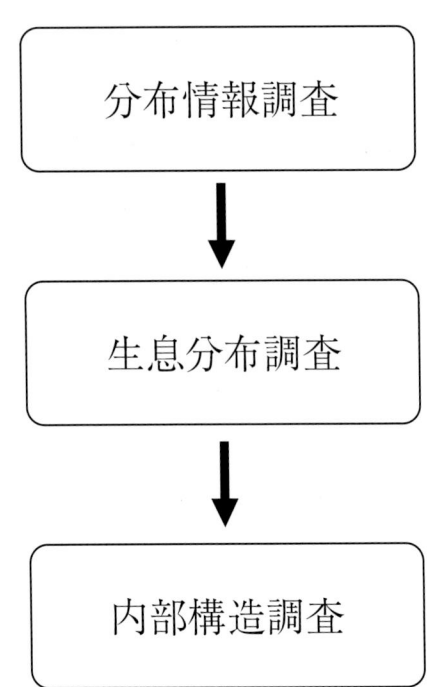

分布情報調査	およその生息状況を既存資料を基に把握する。また、植生図等を収集または作成する。
生息分布調査	生息状況の概略を現地調査により把握して、事業と関連のあるつがいを抽出する。
内部構造調査	事業と関連のあるつがいの行動圏の内部構造を調査する。

図－4　工事前のダムにおける調査フロー

調査の対象

調査地域にイヌワシ・クマタカが生息し、繁殖活動を行っている場合、その地域にはつがい（雄親・雌親）とその子供、及びつがい形成できていない亜成鳥や単独成鳥（フローター）が生息し、これらの個体たちによって個体群が形成されている。一方、つがいはその地域になわばりを形成して分布しているのに対し、その子供は一定の養育期間を過ぎると遠方に分散し、フローターは非常に広い範囲を移動しながら生活している。

本書はダム事業との関係を把握するために必要となる調査方法について解説したものであるため、調査対象は事業予定地及びその周辺になわばりを持って生息しているつがいとその子供とし、数十km以上の単位で移動する幼鳥の分散やフローターの行動範囲については調査対象とはしていない。

現地調査に当たっての諸注意

猛禽類の調査報告書でよく見られる問題点として、観察時間・観察条件を考慮せずに観察回数が集中していた場所を主要な行動地域と推定した例や、行動の意味を理解せずに、飛翔個体を発見しやすい尾根上で観察頻度が高くなったことを理由にその地域を主要な行動地域と推定した例が多い。このような、調査上・解析上の過ちを防ぐためにも、現地調査に当たっては観察条件を整理し、対象個体の行動及びその意味を常に意識し、調査・解析を行う必要がある。また、観察はデータの解析を考え、生態の特徴を念頭に、行動の意味を常に意識して行う必要がある。

イヌワシとクマタカはともに日本の山岳地帯に生息する猛禽類ではあるものの、主に上空を飛翔しながら餌を探索するイヌワシと主に林の中にじっと隠れて餌が来るのを待って狩りをすることが多いクマタカでは、調査手法・解析手法には当然違いが生じる。そのため、調査・解析については、両種の生態を十分考慮したうえで行うことが重要である。

> **調査手法について**
>
> 本指針においては、現地調査の手法は、複数の定点からの同時観察による定点観察を基本とした。イヌワシ・クマタカの行動を追う方法としては、このほか対象個体に発信器を装着するテレメトリー調査もあるが、捕獲に関する法的規制のほか、獣医学をはじめとする特殊な技術を必要とするなど、一般的な調査手法とは言い難い。また、過去にテレメトリー調査を用いた結果と目視による観察結果とを比較し、その相違をまとめることにより目視調査による結果の解析方法についてまとめた調査報告もでている（クマタカ生態研究グループ、2000）。これらのことから、本指針では、目視観察による調査方法を採用した。

1.2 分布情報調査

1.2.1 調査目的

事業が計画されている地域でのワシタカ類の生息の有無や生息状況などを目的とする。

1.2.2 調査方法と調査の進め方

本調査は文献調査及び聞き取り調査により行う。

(1) 文献調査

ワシタカ類の生息状況の概要を把握するために、文献調査を行う。把握しておくことが望ましい内容としては、以下のようなものがあげられる。ただし、文献の記述は、調査目的、範囲、季節、手法、年代などが様々であり、調査地域に直接関わるものが少ない場合や現状とはすでに異なっている場合も予想されるため、可能な範囲で整理しておくものとする。

a．当該地域に生息するワシタカ類の種類
　　ここではイヌワシ・クマタカ等に限らず確認する。
b．当該地域の個体群分布状況
　　当該地域が個体群の主要な分布域内にあるのか、辺縁部にあるのか、孤立した分布域内にあるのかを確認する。
c．分布域、生息密度、繁殖状況の長期的変動傾向
d．生息環境の状況
　　森林の状況や餌動物の状況等を確認する。

(2) 聞き取り調査

当該地域におけるワシタカ類のより詳細な生息状況を把握するため、地元の関係者・研究者から聞き取り調査を行う。聞き取り項目と調査票の例については表－2に示した。なお、この表の一例であり、聞き取り対象に応じて工夫する。

a．生息するワシタカ類の種類
b．よく確認される地域や営巣地点等の位置情報
c．過去の生息状況（過去の営巣地点等）
d．生息環境の状況

> **聞き取り調査実施上の注意点**
>
> ワシタカ類の調査は常に密猟やアマチュアカメラマン等による繁殖妨害の可能性に注意しながら実施する必要がある。特に地元関係者に対する聞き取り調査は、ワシタカ類の存在を強くアピールすることになり、ワシタカ類の保全上逆効果である場合もある。そのため、聞き取り調査については、対象者を十分吟味し、慎重に行わなければならない。

> **聞き取り調査結果の注意点**
>
> 聞き取り調査により得られた結果は、その情報の内容によっては、現地調査結果に匹敵するデータが得られることもある。しかしその反面、誤った情報を入手することもあり、聞き取り調査の情報を調査計画に反映させる場合についても、十分な検討を加えたうえで対応することが重要である。

1 工事前のダムにおける調査方法

表－2　聞き取り調査項目の例

聞き取り対象者	氏　　　名	
	職　　　業	
	研 究 歴 等	
生 息 種		
位置情報 ●分布位置 ●巣の位置		
繁殖状況 ●今年度 ●過去の情報		
繁殖ステージ ●産卵期 ●巣立ち時期等		
生息環境 ●森林の状況 ●改変の変遷、程度		

(3) 植生等の調査

　ワシタカ類は植物連鎖の最上位に位置し、その存在は地域の生態系が良好に保たれていることを示す指標でもある。ワシタカ類の生存を支えているのは、直接・間接に餌となる動植物であり、森林生態系の場合、その生活の場として基本となるのは植生である。そのため、ワシタカ類の調査範囲に合わせた植生図を収集または作成する必要がある。また、このときの植生図は樹齢を考慮することが重要である。その理由として、例えばイヌワシは採餌環境として雪崩地や伐採地等を、クマタカは林間の開けた二層構造の林等を利用するが、このことは植生としてその樹種だけでなく、森林の階層構造を知ることも重要であることを意味している。したがってワシタカ類の生息地の現況を整理する場合、作成する図面は単なる植生図ではなく樹齢等を考慮したもの（植生ベースマップ）である必要がある。

　ワシタカ類の営巣場所や狩り場は、植生の状況と関係していることが考えられるため、このような植生ベースマップを現地調査の前に作成しておけば、調査対象範囲の生息環境を理解でき、より精度の高い、効率的な調査が期待される。

1.3 生息分布調査

1.3.1 調査目的

事業が計画されている地域とその周辺に生息する猛禽類の種、分布状況の概略を調査する。さらに、どのつがいが事業計画と関連するかを把握し、内部構造調査の効果的な計画立案を行うための資料とする。

1.3.2 調査方法と調査の進め方

現地調査に先立ち、十分な現地踏査を行い、調査地域の地形、植生を十分把握する。これを受けて適切な観察定点を設定することが第一に重要な点である。

現地調査は基本的には定点観察とする。イヌワシ・クマタカの行動圏は広く、その行動を把握するためには、通常、複数の地点からの同時観察が必要である。現地調査は以下の手順により進める。

現地踏査により設定した各地点に、調査員1～2名を配置し、イヌワシ・クマタカの観察を行う。調査は基本的に朝から夕刻までの同時観察とするが、観察地点まで長時間の歩行が必要な地点等については、開始時刻及び終了時刻を適宜変更する。イヌワシ・クマタカが確認された場合には、その位置を図面に記録するとともに、種類、個体数、行動、観察時間、雌雄の別、年齢、個体の特徴などを観察可能な限り記録する(44頁及び45頁を参照)。特に生態的特性を念頭に置き、行動の意味を意識しながら観察を行い、観察記録を作成する。探餌行動が確認された場合には、その探餌していた箇所の植生等についても記録する。また、1回の観察記録の中で複数の行動が記録された場合には、行動別の位置情報・時間情報がわかるように記録するとよい。体色、模様の特徴、翼の欠損部位など個体の特徴が確認された場合には、図で記録し、識別番号を付けるなどして、個体識別に努める(47頁参照)。

調査時には、全員無線機を携帯する。イヌワシ・クマタカが発見された場合には、観察の妨げにならない範囲で、速やかに他の調査員に種、個体数、確認地点等を連絡し、できるだけ複数の調査員が同時に同じ個体を観察するように努める。連絡の際には、あらかじめ調査範囲をエリアで区分して記号をつけておくと、他の調査員に的確にイヌワシ・クマタカの位置を伝えられる。記録は分単位で行い、観察には倍率8倍程度の双眼鏡と、倍率20～60倍程度の望遠鏡を併用する。

なお、イヌワシ・クマタカ以外の猛禽類のうち種の保存法における国内希少野生動植物種、天然記念物、レッドリスト掲載種等に指定されている種についても適宜調査の対象とする。

個体識別について

目視調査により個体識別を行うのは、経験を積んだ調査員でも難しい。個体識別は体色、模様の特徴、翼の欠損などにより行うことになるが、体色、模様の特徴は経年的にも優れた識別点となる反面、かなり条件がよい場合でしか判別できない欠点がある。翼の欠損は比較的容易な識別ポイントであるが、換羽等により経年的な識別ポイントにならないことに注意する必要がある。このように不確実性を含んでいるが、個体識別を行うこといより得られる情報は多く、例え個体識別ができるのが数羽に1羽、10回に1回程度の頻度であったとしても重要なデータとなる。

調査終了後のミーティングの重要性

1日の現地調査が終わったら、調査員全員で調査結果の概要を報告しあい、確認地点とその状況、繁殖行動の確認状況、個体識別の情報等を交換し合うことが重要である。これにより、次の日もしくは次回調査における観察定点の配置等の計画を立案する。

1.3.3 調査範囲の設定

調査範囲設定のイメージを**図－5**及び**図－6**に示す。

調査範囲は改変地周辺だけでなく、地域個体群と

1 工事前のダムにおける調査方法

の関係についても、その概要が把握できる程度の十分な調査範囲を設定する。具体的には、湛水区域を中心に隣接つがいを考慮して調査範囲を設定する。

イヌワシについては、湛水区域にイヌワシの分布が重なることを想定し（図－5のA）、このつがいの行動圏の境界が確定できる程度の広さを調査範囲とし、必要に応じて調査範囲を拡大する。具体的に

は、日本におけるイヌワシの平均的な行動圏面積が約60km^2（21.0～118.8km^2：調査対象つがい32）（日本イヌワシ研究会、1987）であることから、数十～100km^{2}程度を想定する。

クマタカについては、湛水区域にクマタカの分布が重なることを想定し、このつがい（図－6のA、B、C）を含め、その周辺のつがいの行動圏との境

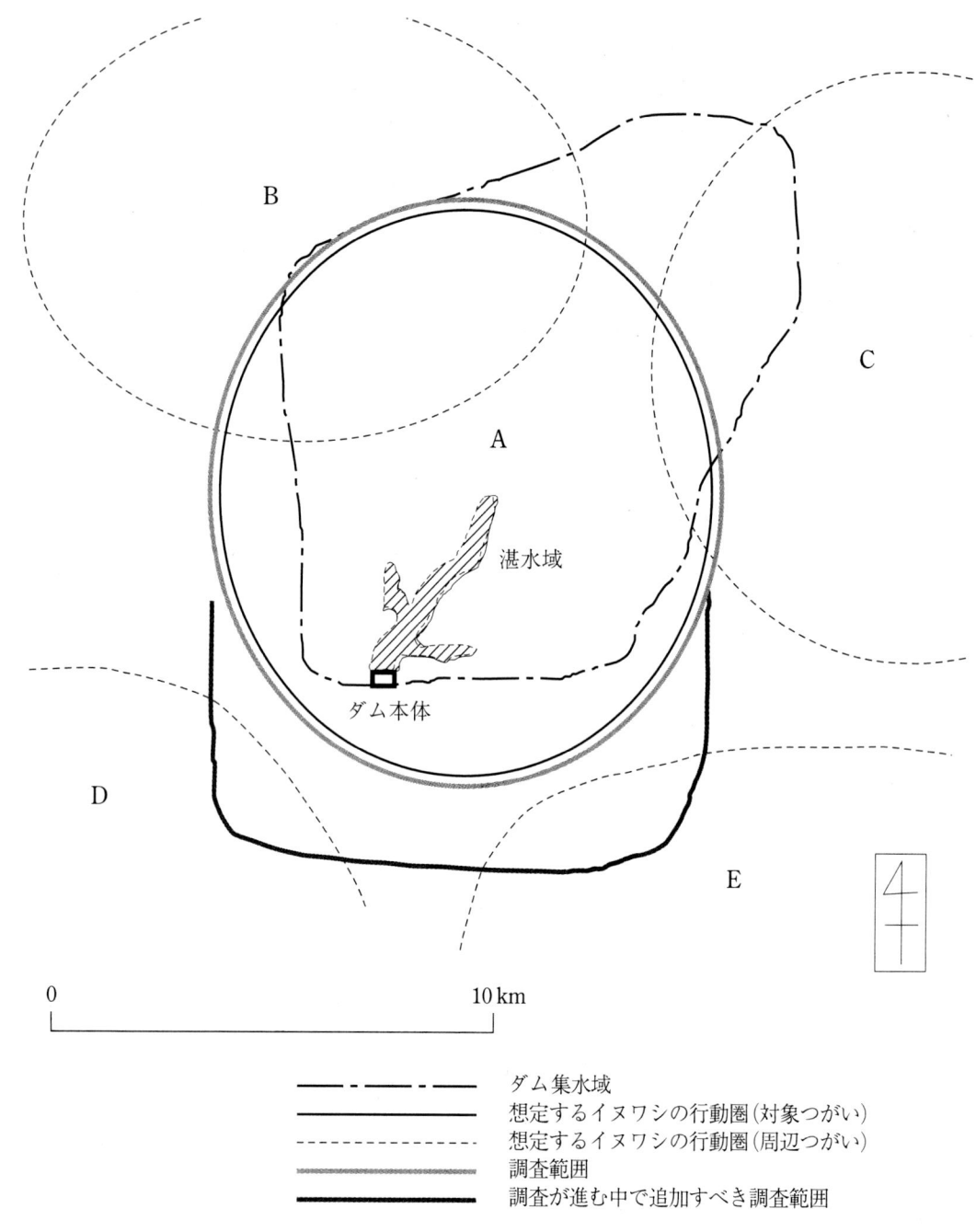

（注）湛水区域を中心に、イヌワシの行動範囲の面積を想定し調査範囲を設定する。
ただし、この調査範囲では、B、Cとの境界は把握できるが、D、Eとの境界が確定できないことから、この場合南側に調査範囲を拡大する必要がある。

図－5　イヌワシの調査範囲設定イメージ

界が把握できる程度の広さを調査範囲とする。具体的には、クマタカの平均的なコアエリア(52頁を参照)が7～8km²、巣間距離が平均4km(クマタカ生態研究グループ、2000)であることを考慮し、1つがいあたり12～13km²の調査範囲を想定する。この際、クマタカの場合、事業との関連が想定されるつがいが複数に及ぶケースが多いため、ダム規模をもとに調査範囲を適宜検討する必要がある。

いずれの場合でも、行動圏の境界は尾根等で区分されることが多いため、調査範囲の設定には、尾根の位置を考慮し設定するとよい。

ただし、調査範囲はダムの規模によって大きく変化すると考えられるため、その状況により適宜検討する必要がある。

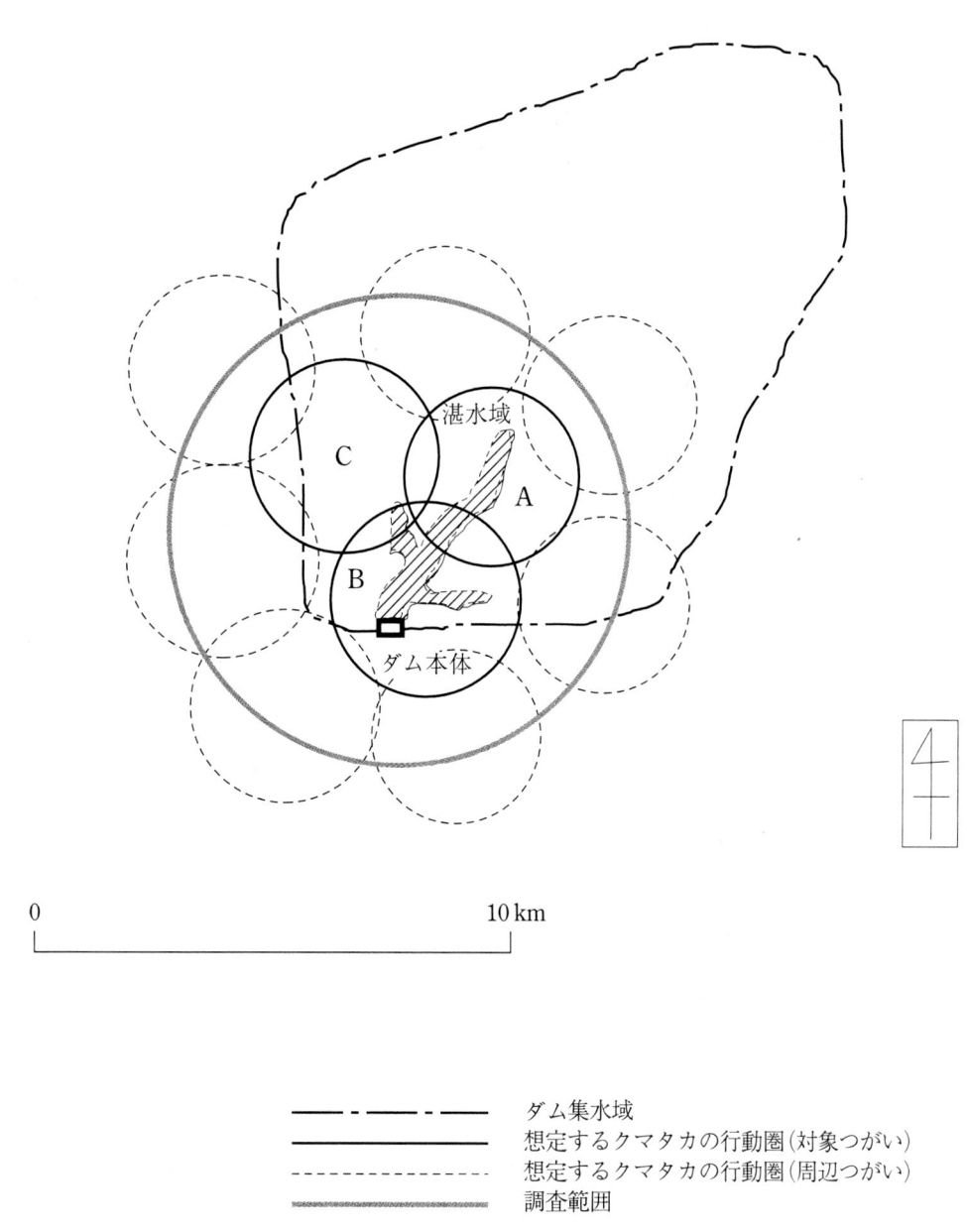

図－6　クマタカの調査範囲設定イメージ

1.3.4 観察定点の設定

観察定点の設定にあたっては、現地踏査を十分行ったうえで、観察地点からの視野図を作成する（図−7）。この際、観察地点は、広範囲を見渡せる地点だけでなく、各谷部をチェックできる地点を含むこととし、できる限り多数の地点を設定し、視野図を作成することが重要である。次に作成した視野図を重ね合わせていくことにより、最も効率的に調査が可能となる複数地点を選定し、観察地点として設定する。

観察地点には、広範囲が見渡せる地点と各谷部をチェックできる地点を適宜組み合わせるとよい。稜線上などの見晴らしのよい観察定点では、広範囲が見渡せるという利点がある反面、背景が山肌になるため発見率が低く、個体識別の情報も得にくい。これに対し、谷部の観察定点では、空を見上げるような状況で調査を行うため、背景が空となり、発見率が高くなる反面、視野が狭くなる欠点がある。

イヌワシ・クマタカの調査の観察定点はその出現状況に応じて、適宜変更する必要がある。ただし、生息分布調査は、後述する内部構造調査とは異なり、まずどこにつがいがいるのかといった基礎データを収集することが重要であるため、観察定点はあまり変更しない方が結果的によいデータが得られることが多い。つまり、生息分布調査では「分布していない範囲」を把握することも重要な調査結果である。

生息分布調査における注意点

イヌワシ・クマタカを観察するための観察定点は、イヌワシ・クマタカからも見えやすい地点であるということを常に意識し調査する必要がある。特に生息分布調査においては、まだ営巣地等の位置関係が把握できていない時点の調査であることから、各調査員は営巣地のすぐ近くで調査している可能性があることを常に意識し調査する必要がある。そしてイヌワシ・クマタカが調査員に対し警戒行動を示した場合には、すみやかに観察定点を変更するといった対応をする必要がある。

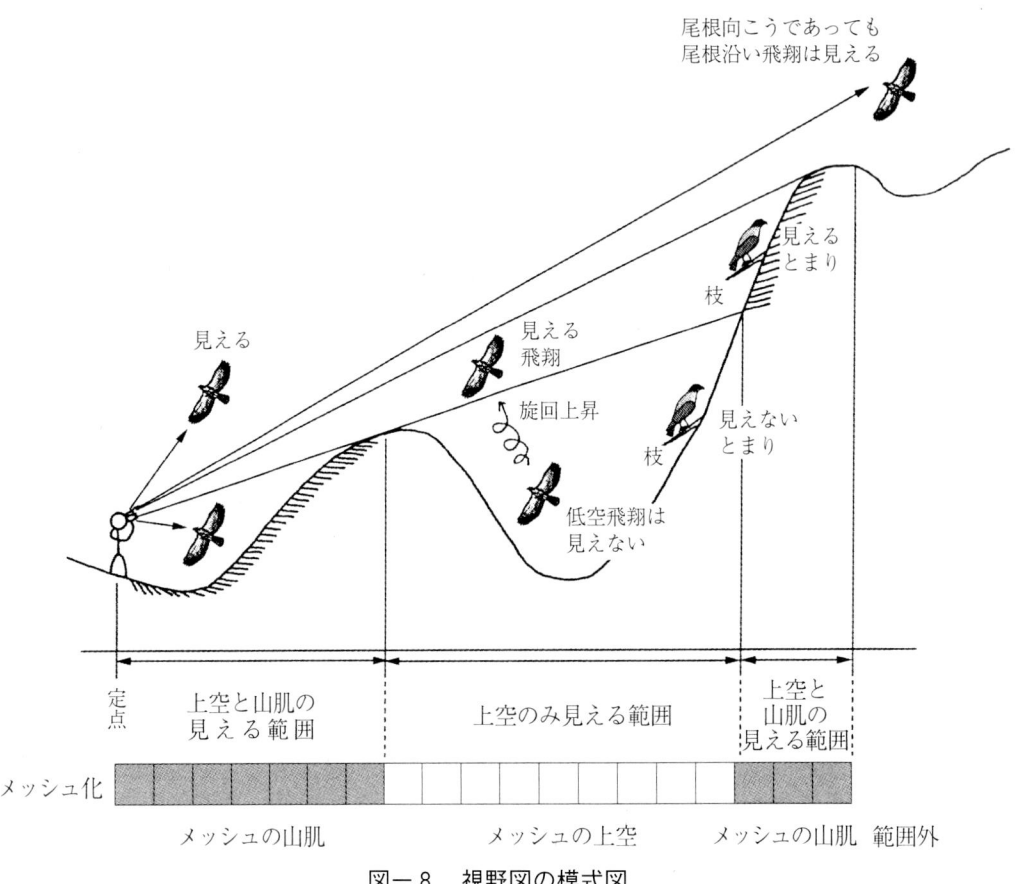

図−8 視野図の模式図

1.3 生息分布調査

■ :上空と山肌の見える範囲　□ :上空のみ見える範囲

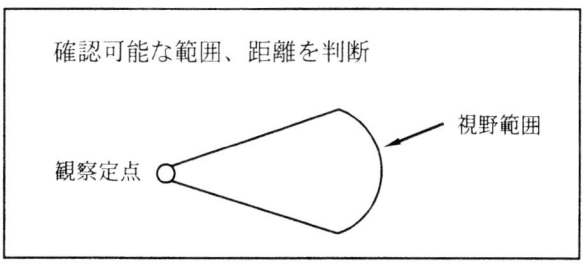

図－7　視野図の例

1.3.5 調査時期と回数

生息分布調査は、飛翔の確認が比較的しやすく、最終的な繁殖の成否に関わらず繁殖に関する行動が捉えやすい求愛期から造巣期にかけて実施することが望ましい。このとき、種、地域により生活サイクル(図-9)が異なることに留意する必要がある。

調査回数は、求愛期から造巣期にかけて2回程度実施するか、それと同等のデータが収集できると考えられる時期と回数を設定するとよい。

得られたデータから、つがいの分布状況の概略が把握できたと判断される場合には、「内部構造調査」に移行するが、つがいの分布位置等のデータが十分得られなかった場合には、生息分布調査が1繁殖シーズン(繁殖活動の開始から終了まで)以上にわたることもあり得る。

1.3.6 調査日数

イヌワシ・クマタカを観察できる回数は少なく、また、調査時期、天候、繁殖の成否等の条件によってもその観察頻度は大きく左右される。しかし、イヌワシでは、3日に1日は盛んに行動することが知られていること、クマタカでは丸1日林内で動かないことがあるといわれていることを考慮すると、1回の調査において最低でも3日以上の調査が必要である考えられる。

1.3.7 調査時間

イヌワシの飛行目撃は10時ごろから急に多くなり、11時前後と13時～15時にピークが観察され、探餌行動も11時前後と13時から14時にピークが観察されている(山﨑b、1985)。また、クマタカでは早期と日没前後に活発に活動することが指摘されている

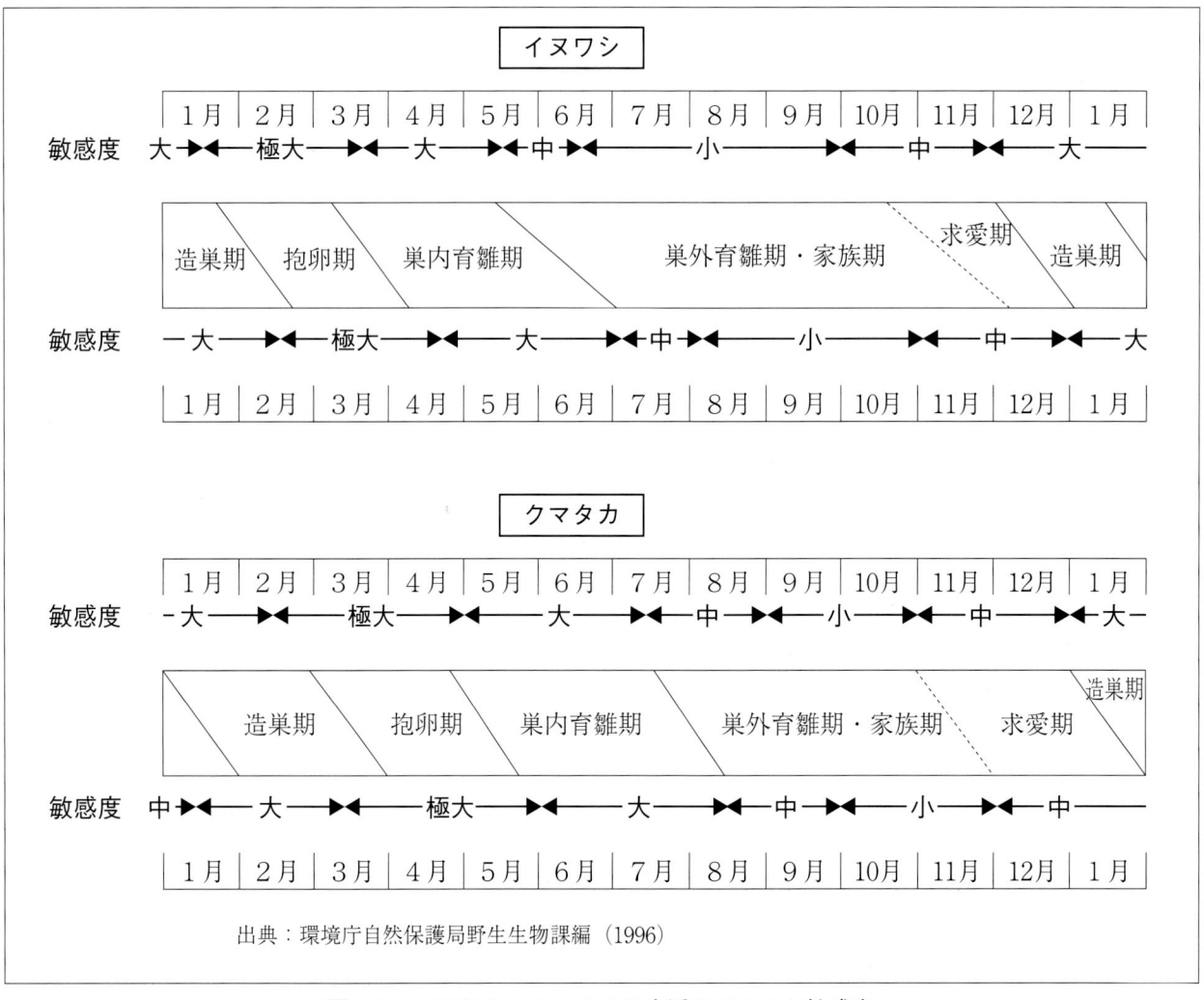

図-9 イヌワシ・クマタカの生活サイクルと敏感度

が(環境庁自然保護局野生生物課、1996)、実際の野外での観察において観察頻度が高いのは10時〜15時までであり、育雛期には8時〜10時までの時間帯にも比較的多く観察されている(森本、飯田、1992の図の読み取り)。

そこで、イヌワシ・クマタカの調査時間は最も観察しやすい10時〜15時の前後1時間を加えた9時〜16時頃を中心に、必要に応じて早朝時間帯の調査を組み合わせることとする。

雨天の場合には、雨が小康状態になったときにハンティングなどの行動が見られることがあるので、すぐに観察に移れるよう、降雨の状況に応じて車両などで待機するとよい。また、前日の雨の場合は、翌日は早朝から行動することもあるので注意する。

1.3.8 調査人数

1地点に1名でも良いが、広大な視野をもつ定点や複数個体が同時に出現することが多い場所を観察する定点には、複数の調査員を配置するとよい。また、観察定点まで長時間歩く場合や、樹林帯等を歩く必要がある場合については、転落事故等の危険性を考慮し、調査員の安全性を確保するためにも必ず複数の調査員で行動することとする。

1.3.9 生息分布調査結果と内部構造調査への移行

生息分布調査のまとめのイメージを図－10に示す。

得られたデータをつがいごとに整理し、おおよその分布状況を整理する。この際、隣接つがいとの境界に注目する。これを基に事業と関連のあるつがいを選定する。この例では確認された9つがいのうち、事業と関連するのは3つがいであると考えられる。よってこの3つがいについて内部構造調査を実施する。内部構造調査と生息分布調査の基本的な調査方法は同じであるが、内部構造を把握するために必要な指標行動のデータを、より多く収集できるような調査体制を組むことになる。

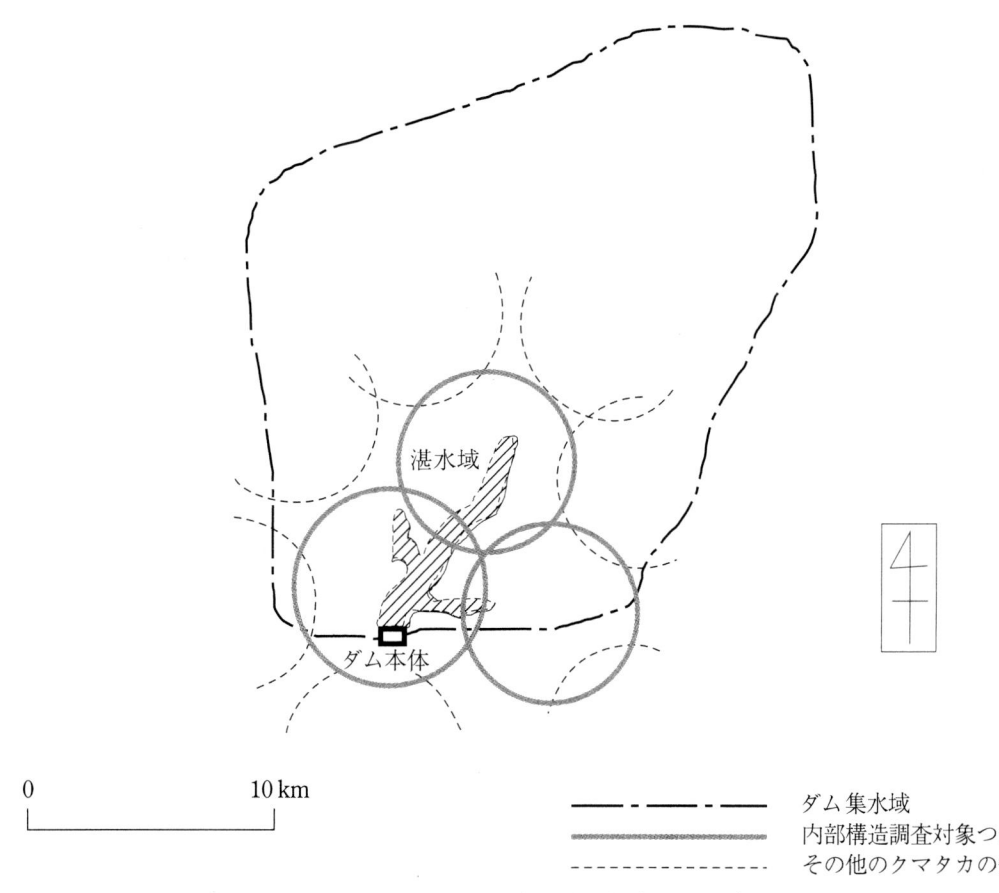

図－10 生息分布調査の結果例(クマタカ)

1 工事前のダムにおける調査方法

> **内部構造調査への移行のタイミング**
>
> 生息分布調査と内部構造調査は基本的には定点観察による調査であり、基本的な調査方法は同じである。そのため、どこまでを生息分布調査とし、どこからを内部構造調査とするかの明確な区分はない。しかし、生息分布調査ではつがいの分布状況の概要把握を目的とするのに対し、内部構造調査では事業との関連が想定されるつがいについて、その行動圏の内部構造を把握することを目的としている。そのため、事業との関連が想定されるつがいが確認された段階で、順次、つがいごとに内部構造調査へと移行することになる。

1.4 内部構造調査

1.4.1 調査目的

ある行動範囲を持つ動物は、その行動範囲の中を均一に利用しているわけではない。行動範囲内には、利用目的や利用頻度が異なる地域が存在する。こうした地域は、その動物にとって生息・繁殖を継続するうえで各々意味があり重要な役割を有している。したがってある動物を保全しようとする場合には、こうした行動範囲内の利用状況(内部構造)を把握することが必要となる。

イヌワシ・クマタカの内部構造は営巣活動を行う地域やハンティングエリア、またそれら結ぶ移動ルート等として示される。これらはイヌワシ・クマタカの生息にとって重要な地域である。

内部構造調査は、生息分布調査により抽出した調査対象つがいについて、行動圏を推定するほか、内部構造を解明することにより、そのつがいへの事業の影響及び保全措置を検討するための基礎資料を収集することを目的とする。

なお、内部構造調査で得られたデータを基につがいごとの内部構造を推定するわけであるが、内部構造の定義及びその推定方法については、次章の内部構造の解析で解説することとし、ここでは現地調査の方法について整理する。

1.4.2 調査方法と調査の進め方

調査方法は基本的には複数地点からの同時定点観察である。その詳細は「生息分布調査」と同様であるため、そちらを参照することとし、ここでは省略する。なお、基本的な調査方法は生息分布調査と同じであるが、生息分布調査では観察定点をあまり移動させないのが原則であるのに対し、内部構造調査ではより詳細な行動を調査するために、必要に応じて観察定点を移動させる必要がある点が異なる。

また、イヌワシとクマタカでは生態が異なるため、内部構造(51頁～53頁)を調査するためには、各々の生態を考慮した調査を行う必要がある。例えばイヌワシは行動の大部分が観察しやすく、観察定点の配置が適切であれば、飛翔データ等の蓄積によって行動圏を把握することが可能であり、さらに高頻度に利用する地域を頻度計算することができる。そこで、イヌワシについては、頻度計算による解析手法を用いることが可能となる。これに対し、クマタカでは林内での活動が多いため、通常の定点観察で確認できるのは全行動のごく一部である。そのため、イヌワシのような頻度計算による解析手法を用いることは困難である。そこで、「指標行動」の調査という考え方が重要となる。指標行動とは、「ある条件(時期等)の下で行われる行動は特定の意味を持つ場合がある」ということを利用し、内部構造の推定に利用しようというものである。例えば、クマタカの雌では11月～3月の産卵前の時期に1日平均150分以上ものあいだ、白い胸を強調するようにして樹頂部に目立つように止まる(クマタカ生態研究グループ、2000)。この行動は「誇示止まり」と呼ばれ、営巣木の上部にある特定の木で行われることが多いとされる。この「誇示止まり」という指標行動の観察結果を用いれば、営巣木のおおよその位置を推定することは可能となる。このように、内部構造の調査においては、観察位置、頻度等の基本的なデータのほか、場の持つ意味の推定が可能となる指標行動の記録が重要となる。

内部構造を推定する際に利用する指標行動等の例

を表－3及び表－4に、指標行動等が観察できる時期を表－5に示す。

指標行動の観察における注意点

① 定点観察等で観察されるクマタカの行動のうち、目視調査でその行動の目的が分かるものとしては、ディスプレイ、交尾、餌・巣材運び等があげられる。これらには各繁殖ステージに共通で見られるものや、固有のものがある。指標行動として取り扱えるかどうかは、その行動の詳細（時期、動きの特徴、頻度等）が把握された上ではじめて判断できる。例えば、餌運びが観察されたからといって、その全てが営巣地を推定するための指標行動として利用できるわけではない。この場合には、観察時期、回数、飛翔方向等を十分考慮して、推定する必要がある。また、同様に枝を持って飛んでいるからといって、それが必ずしも営巣地を推定するための指標行動（巣材運び）として利用できるわけではない。つまり、その詳細な行動を観察し、総合的に検討することにより、はじめて指標行動であると判断することが可能となるわけである。

② クマタカについては、かつては毎年繁殖するつがいも多かったといわれ繁殖成功率も50％以上あったとの報告も多いが、最近ではまったく繁殖行動に入らなかったり、繁殖を中断するつがいが増え、繁殖成功率が10％を下回ような報告が相次いでいる（山﨑、1997）。クマタカは繁殖活動中しかつがいを形成しないことから、繁殖に至らなかった年や繁殖に失敗した後は、調査を実施しても内部構造を推定するのに有効な指標行動が観察できないこともある。指標行動を収集する際にはこれらのことに十分注意したうえで調査を実施する必要がある。

内部構造調査における注意点

イヌワシ・クマタカの内部構造を調査する際に重要となるのは、観察条件と努力量を明確に意識することである。本書で示した調査方法は目視観察を基にしているため、その結果は観察条件や観察努力量に左右されることになる。つまり、観察時間が多く、観察しやすい場所であれば多くのデータが収集でき、逆に観察時間が少なかったり、観察しづらい地形のところではデータの収集率は低くなる。このことを考慮せずに内部構造を推定すると、特に頻度算出が重要となるイヌワシにおいて誤った結論を出してしまう可能性がある。また、イヌワシほどではないが、クマタカについても観察努力量が異なれば、指標行動の観察できる回数に偏りが生じることになり、結果的に内部構造の推定に誤りを生じる可能性がある。このような解析上の誤りは、現実によく目にするものであり、特に注意を要することである。

イヌワシ・クマタカの生息地は山岳地帯であり、積雪地であることも多い、このことを考慮すると、調査範囲全域を平均的に調査することは現実には不可能である。この場合、観察範囲とその観察時間の累積状況を整理し、観察条件のよいところと悪いところを明確にしたうえで、観察努力量を考慮して解析を行うことが重要である。

> **本書におけるイヌワシ・クマタカ以外の重要な猛禽類の位置づけ**
>
> 　本書では、ダム事業に最も関連がある種としてイヌワシ・クマタカに調査対象を絞り整理した。しかし、このほかにも、オジロワシ、オオタカ等、種の保存法における国内希少野生動植物種やレッドリストに記載されている等の重要種が現地調査において確認されることも多い。特にオオタカについては、本来の繁殖環境は山岳地帯の森林というよりは、むしろ丘陵地であると考えられるが、調査範囲内で繁殖している可能性も考えられるため注意が必要である。しかし、オジロワシ、オオタカ等については、本書で解析するような行動圏の内部構造についての知見が十分ではない。このため、飛跡等の出現状況、指標行動、繁殖行動の状況等のデータを収集し、適宜、地形や植生等と合わせて解析する。イヌワシ・クマタカが生息している場合には、イヌワシ・クマタカを中心に調査を構成し、その中でこれらの重要な猛禽類のデータを収集する。

表－3　内部構造を推定する際に利用する指標行動等の例（イヌワシ）

項　目	主要な指標行動等	内部構造 行動圏	内部構造 営巣地	内部構造 主要な狩り場	主な観察時期	解析上の留意点
ディスプレイ	横並び飛行	○	○		繁殖活動期間	
	上下飛行	○	○		繁殖活動期間	
	波状飛行	○	○		繁殖活動期間	
	X型飛行	○	○		繁殖活動期間	
	枝落とし	○	○		繁殖活動期間	
	稲妻型　など		○		繁殖活動期間	
繁殖行動	交尾		○		主に造巣期	交尾は必ずしも営巣地で行うとは限らない。また、つがい外交尾や産卵期以降の交尾があるので注意が必要。
	巣の監視		○		繁殖活動期	客観的な観察データから巣の監視行動を定義することは不可能。観察状況から総合的に判断。
	巣材運び					巣の位置の推定に利用できるが、代替巣への巣材運びの可能性や、枝落としディスプレイの可能性もあるので注意が必要。
	① 巣材運び		○		主に造巣期	
	② 緑葉運び		○		主に抱卵期～巣内育雛期	
	餌運び（巣に運ぶ給餌）		○		抱卵、巣内育雛期	左記の時期のデータは巣の位置の推定に利用。これ以外の時期のデータは利用不可。
防衛行動	直接攻撃や追い払い	○	○		通年	
幼鳥	巣立ち後の行動		○		巣立ち後1ヶ月程度	
捕食・探餌行動	斜面のごく上を、斜面に沿うように飛行する			○	通年	
	低空を下を見ながら飛ぶ			○	通年	
	停飛（ホバリング）			○	通年	
	斜面に急降下して突っ込む			○	通年	
	追い出し行動			○	通年	
	特定の場所を何度も旋回する			○	通年	
	空中で直接狩りを行う			○	通年	
	短時間で定期的にとまり木を変える			○	通年	
	とまり木から地上を注視する			○	通年	

（注）1．ディスプレイ等については、便宜上、主に行動圏境界で見られるものと、主に営巣地中心域周辺で見られるものに区分したが、この区分は明確なものではなくあくまでも傾向を示すものである。
　　　2．内部構造における、行動圏、営巣地及び主要な狩り場等の定義は51頁を参照。
　　　3．探餌行動の詳細は日本イヌワシ研究会ほか(1994)に従った。
　　　4．繁殖活動期間とは繁殖活動を行っている期間を示す。

表－4　内部構造を推定する際に利用する指標行動等の例（クマタカ）

項目	主要な指標行動等	内部構造 コアエリア	内部構造 繁殖テリトリー	内部構造 幼鳥の行動範囲	主な観察時期	解析上の留意点
ディスプレイ	V字飛行	○	○		求愛期～抱卵期	
	波状飛行	○	○		求愛期～抱卵期	
	つっかかり飛行		○		求愛期～造巣期	防衛行動との区別には注意を要する。
	重なり飛行　など		○		求愛期～造巣期	
繁殖行動	雌の誇示止まり		○		11～3月	
	交尾		○		主に2～3月	交尾は必ずしも繁殖テリトリーで行うとは限らない。また、つがい外交尾や産卵期以降の交尾があるので注意が必要。
	巣の監視		○		造巣期～巣内育雛期	客観的な観察データから巣の監視行動を定義することは不可能。観察状況から総合的に判断。
	巣材採集		○		主に造巣期	巣の近くで採取することが多いが、ディスプレイ等で利用する場合は巣とは関係ない位置で採取することもあるので注意。
	巣材運び ① 巣材運び		○		主に造巣期	巣の位置の推定に利用できるが、代替巣への巣材運びの可能性や、枝落としディスプレイの可能性もあるので注意が必要。
	② 緑葉運び		○		主に抱卵期～巣内育雛期	
	餌運び		○		抱卵期～巣内育雛期	左記の時期の餌運びは巣の位置の推定に利用。このほか、繁殖に成功した年の巣外育雛期のデータは幼鳥の行動範囲を推定するデータとして利用できる。
防衛行動	直接攻撃や追い払い		○		繁殖活動期間	つっかかり飛行のディスプレイとの区別には注意を要する。
幼鳥	巣立ち後の行動			○	翌年2月頃まで	
捕食・探餌行動	木等に止まり、下方をキョロキョロ見る。もしくは注視する	○			通年	止まっている場所だけではなく、見ている方向も重要。また、飛び立つまで観察し、飛び込んだ場所を記録することが重要。
	短時間で定期的に止まり場所を変える	○			通年	
	林、ギャップ、伐採地等に飛び込む	○			通年	前後の行動から、ハンティング行動の可能性を判断すること。
	下を見ながら低空を飛翔する	○			通年	オープンエリアや林床・林内の見やすい大木林等で行われる。
	空中で獲物を追跡する	○			通年	対象がカラス等の場合は、防衛行動との区別に注意が必要。
	停空（ハンギング）	○			通年	頭部を下げて下方を見ているかどうかを判断する。この行動は、比較的少ない。
	獲物の追い出し	○			通年	地表に接近したり離れたりする飛翔を行い、積極的に獲物を追い出す
	林への出入り地点	○			通年	林への出入り行動は直接的に狩りを指標する行動ではないが、テレメトリー調査の結果から、林の中での狩りは林に飛び込んだ地点の周辺で行われることが多いとされることから、林への出入り行動についても狩りに関する行動とした。ただし、巣への出入りなど明らかに狩り行動でない場合については除くこととする。

注）1．ディスプレイ等については、便宜上、主にコアエリア境界で見られるものと、主に繁殖テリトリー周辺で見られるものに区分したが、この区分は明確なものではない。
　　2．内部構造における、コアエリア、繁殖テリトリー及び幼鳥の行動範囲の定義は52頁を参照
　　3．繁殖活動期間とは繁殖活動を行っている期間を示す。

1.4 内部構造調査

クマタカのV字ディスプレイ
翼及び尾羽を反り返しながら飛ぶディスプレイ

クマタカのつっかかりディスプレイ
つがいの雄と雌の間で行われる。あたかも足で攻撃するかのように見えるディスプレイ

1　工事前のダムにおける調査方法

表－5（1）　イヌワシの指標行動等の確認時期等

項目	代表的な指標行動		月：11,12,1,2,3,4,5,6,7,8,9,10,11,12,1,2 （求愛期／造巣期／抱卵期／巣内育雛期／巣外育雛期・家族期／求愛期／造巣期／家族期）	推定内容等	注意点
ディスプレイ		雌雄	（11月頃～翌1月頃）	・行動圏 ・営巣地	
繁殖行動	交尾	つがい			
	監視	雌雄	（12月～5月頃）	・巣の位置の推定	
	巣材採集	雌雄	（1月～5月頃）	・巣の位置の推定	
	巣材運び ①巣材運び	雌雄	（1月～4月頃）	・巣の位置の推定	
	②緑葉運び	雌雄	（3月～6月頃）	・巣の位置の推定	
	餌運び ①求愛給餌	雄	（1月～3月頃）	・巣の位置の推定	・事例はあるが、基本的に行わない。
	②巣に運ぶ給餌	雌雄	（2月～7月頃）	・巣の位置の推定	・抱卵期の給餌は少ない。
	③巣立ち後の幼鳥への給餌	雌雄	（6月～9月頃）	・巣の位置の推定	・巣立ち後1ヶ月程度
	防衛	雌雄		・営巣地及びその周辺	・詳細は不明
その他	幼鳥の追い払い	雌雄	（10月～12月頃）	・営巣地	・10月頃から12月頃までの報告と産卵前後から始まるとの報告があるが、ここでは後者を採用した。
	巣立ち後の幼鳥	幼鳥	（6月～10月頃）	・巣立ち後1ヶ月程度は営巣地周辺	
観察しやすさ		雌雄	記載略		・飛翔行動が多いため、各時期とも観察は容易。ただし、行動圏が広いうえ時期により利用場所（営巣地、狩り場等）に偏りが生じるため、積雪地等では観察困難な時期が生じることがある。

（注）1. 本表は繁殖に成功した場合を基本としている。繁殖に失敗した場合については、指標行動が見られるのは基本的に繁殖に失敗した時点までである。
　　　2. 本表は既存資料及び過去の知見を基に一般的な傾向を示したものである。そのため、地域差や個体差が生じることに注意する必要がある。

表－5（2） クマタカの指標行動等の確認時期等

項目	代表的な指標行動		月: 11 12 1 2 3 4 5 6 7 8 9 10 11 12 1 2	推定内容等	注意点
			求愛期／造巣期／抱卵期／巣内育雛期／巣外育雛期・家族期／家族期／求愛期／造巣期		
ディスプレイ	V字、波状 ①求愛	雄		巣の周辺	・巣の周辺で行われるのは主に抱卵期から巣内育雛期。
	②誇示	雌雄		繁殖テリトリーコアエリア	・行動圏の境界で行われる場合は、求愛期から抱卵期を中心に1年中観察されるが、特に1～4月までに多い。雌が行うのは主に抱卵前まで
	つつかかり	つがい		巣の周辺、繁殖テリトリー	
	重なり	つがい		繁殖テリトリー	・営巣地とは関係ない場所でも類似の行動が見られることもあるので注意
	雌の誇示止まり*	雌		繁殖テリトリー	
	交尾	つがい		繁殖テリトリー	・交尾はコアエリアの境界で行われることもあるので注意
繁殖行動	監視	雌雄	記載略	繁殖テリトリー	
	巣材採集	雌雄		巣の近くで行われることが多い	
	巣材運び ①巣材運び	雌雄		巣の位置の推定	・代替巣へ巣材を運ぶことがあるので注意
	②緑巣運び	雌雄		繁殖テリトリーの推定	・枝落としのディスプレイとの識別に注意
	餌運び ①求愛給餌	雄		繁殖テリトリー	
	②巣に運ぶ給餌	雄(雌)		巣の位置の推定	
	③巣立ち後の幼鳥への給餌	雄		幼鳥の行動範囲	・幼鳥が巣立った場合のみ
	防衛	雌雄	記載略	繁殖テリトリー、狩り場等	・表記以外の時期にも行われる。
	幼鳥の追い払い	雄		巣の周辺、狩り場等	
その他	巣立ち後の幼鳥の行動*	幼鳥		幼鳥の行動範囲	・幼鳥の行動範囲の推定に利用できるのは2月まで ・巣立ち後1年以上親鳥のいる繁殖テリトリー内に分布し続ける個体もいることに注意
	観察しやすさ	雌雄	記載略	繁殖テリトリーコアエリア	・指標行動ではないが、参考として記載

（注）
1. 本表は繁殖に成功した場合を基本としている。繁殖に失敗した場合については、指標行動が見られるのは基本的に繁殖に失敗した時点までである。
2. ＊は データが得られやすく、重要な項目を示す。
3. 本表は既存資料及び過去の知見を基に一般的な傾向を示したものである。そのため、地域差や個体差があることに注意する必要がある。

1.4.3 観察定点の設定

観察定点は、生息分布調査結果に基づき、事業に関係すると考えられるつがいの行動圏の内部構造が把握できるような地点とする。

以下に、各種を調査対象とした場合の考え方を示した。

(1) イヌワシ

日本における平均的な行動圏に面積は約60km^2（日本イヌワシ研究会、1987）と広いが、イヌワシは飛翔しているところを発見できる確率が高いため、見晴らしのきく尾根等を中心に地点配置することにより効率的な地点配置ができる。

(2) クマタカ

イヌワシよりも主要な行動範囲（コアエリアの平均的な面積は7～8km^2）（クマタカ生態研究グループ、2000）は狭いが、イヌワシのように観察しやすい尾根の上などを飛翔する機会は少ない。そのため、発見率が高く、個体の特徴を捉えやすい谷部に観察点を多く置くことが重要となる。さらに止まっているところを発見することが重要であることから、止まり木を発見できるような地点配置にすることにも考慮する。しかし、谷部の観察定点は発見率は高くなる反面、視野は狭くなるため、より多くの地点を配置する必要が生じる。

また、内部構造調査では、前述の生息分布調査と比較し、より詳細な個体の行動を調査する必要があることから、観察定点はイヌワシ・クマタカの出現状況等により、適宜変更していくことが重要である。しかし、このように観察定点を移動させると、観察場所によって観察時間に差が生じることになり、定量的な評価ができなくなる可能性がある。そこで、現地調査に際しては、後述する視野範囲及び累積観察時間の図を適宜作成し（図－13及び図－14参照）、どの範囲はどのくらいの時間調査したかを常にチェックし、できるだけ調査努力量に極端な偏りがないように考慮しながら現地調査を進めていくことが重要である。

― 観察定点数 ―

観察定点数は1つがいあたり何地点あれば、その調査の精度は十分であるのかといった基準はない。例えばクマタカ1つがいの調査に必要な定点数は、その地域の地形により異なり、3地点で十分な場合もあれば、10地点必要な場合もある。むしろ大切なことは、死角となっている範囲がないように、各地点からの視野図を十分チェックしながら調査を進めることである。

― 内部構造調査の地点配置 ―

内部構造を把握するためには、できるだけ多くの指標行動のデータをとることが重要である。特に目視調査では発見しにくいクマタカについて、より多くの指標行動のデータを得るためには、生息分布調査よりも調査範囲を絞り込んだ調査が必要となる。例えば、繁殖に関する指標行動のデータを得ようとするならば、その時点で繁殖行動を行っているつがいに調査対象を絞り込むといった配慮も有効である。

1.4.4 調査時期と回数

イヌワシ・クマタカは、繁殖ステージごとに土地の利用パターンが変わる。したがって、内部構造調査では繁殖ステージを考慮し、必要に応じたデータを取ることが重要である。

また、例えばクマタカは比較的狭い範囲内を数日単位で利用し、さらにその活動範囲は数日単位で移動すると言われている。そのたま、クマタカのコアエリアとは、これら数日単位で利用される比較的狭い範囲の総体であるといえる。

現時点では、必要なデータ蓄積が行える調査量の目安はつけにくいが、上記のことを考慮すると各繁殖ステージ（図－9参照：求愛期、造巣期、抱卵期、巣内育雛期、巣外育雛期・家族期）に1回以上の調査が必要と考えられる。なお、多雪地域では、造巣期、抱卵期の調査が困難となる場合があるので、求

愛期や巣内育雛期の調査を増やすなど、適宜対応するとよい。

特にクマタカでは、繁殖テリトリーを推定するためのデータが得られる時期や幼鳥の行動範囲を推定するためのデータが得られる時期が限られていることから、各繁殖ステージ別に収集すべきデータの目標をあらかじめ設定し、そのデータを収集するために必要な調査時期を設定する。繁殖ステージと得られるデータについては前項の**表－5**を参考とされたい。

調査期間

猛禽類保護の進め方（特にイヌワシ、クマタカ、オオタカについて）（環境庁自然保護局野生生物課、1996）によれば、調査期間として「営巣地の発見及び少なくとも繁殖が成功した1シーズンを含む2営巣期」と記している。しかし、本指針においては、調査期間はイヌワシは繁殖が成功した1シーズンを含む3シーズン、クマタカは繁殖が成功した1シーズンを含む2シーズンと考えている。イヌワシの調査期間を3年間とした理由は、イヌワシの場合、その年の環境条件（積雪量等）により、餌場として利用する場所を適宜変化させており、気候変動を考慮すると平均的なイヌワシの行動圏の内部構造を把握するには3シーズン程度は必要であると考えたからである。ただし、必ずしもイヌワシ3シーズン、クマタカ2シーズンの調査が必要であるというわけではなく、例えば、クマタカについて繁殖に成功した年の十分なデータが得られ、さらに、過去においてもその巣で継続的に繁殖していたとの情報が得られている場合であれば、1年間の調査結果でも内部構造を十分に評価できると考えられる。

しかし、イヌワシの繁殖成功率が近年では平均で30％を下回ること（日本イヌワシ研究会、1997）、クマタカでも最近ではまったく繁殖行動に入らなかったり、繁殖を中断するつがいが増え、繁殖成功率が10％を下回るような報告が相次いでいること（山﨑、1997）、巣を移動させることがあることなどから、調査期間については余裕を持った調査計画を立てることが望ましい。

また、調査期間中連続して繁殖に失敗した場合については、その繁殖失敗の時期、原因等を十分検討し、イヌワシ・クマタカの生態に十分詳しい専門家と相談したうえで、調査を継続するか、終了するかを判断することになる。

1.4.5　調査日数

調査日数は1回の調査で最低3日以上とする。その詳細は「生息分布調査」と同様であるため、そちらを参照とし、ここでは省略する。

さらに、幼鳥の確認については、1回の確認では若鳥との識別が困難な場合があることから、調査予定最終日に1回だけ幼鳥が確認されたような場合については、少人数でもよいので適宜調査を延長する等の配慮も重要である。

1.4.6　調査時間

調査時間は基本的には9時～16時頃を中心とし、必要に応じて早朝時間帯の調査を組み合わせることとする。その詳細は「生息分布調査」と同様であるため、そちらを参照とし、ここでは省略する。

1.4.7　調査人数

調査人数は基本的には1地点1人～2人とする。その詳細は「生息分布調査」と同様であるため、そちらを参照とし、ここでは省略する。

1.4.8　営巣地の調査

巣の位置が確認できれば、事業の影響をより詳細に予測できる場合が多い。一方、巣の位置を確認するためには、巣の位置を確認するための踏査が必要になることが多く、この場合調査そのものが繁殖を阻害する可能性があることに注意する必要がある。そこで、ここでは踏査による巣の探索方法について、特に繁殖阻害を避けるための注意点を中心に記載する。

イヌワシ及びクマタカの繁殖ステージと阻害要因に対する敏感度は図－9に示したとおりである（環境庁自然保護局野生生物課編、1996）。阻害要因に対する敏感度は造巣期から巣内育雛期の期間の敏感度が大きく、特に抱卵期を中心とする期間は極大となっている。

巣の探索のための踏査は、敏感度が最も小さくなる時期、具体的には巣外育雛期・家族期に行うことが望ましい。この時期はイヌワシ・クマタカとも巣に対する執着が最も低くなる時期である。ただし、イヌワシが巣立ち後1～2ヶ月たつと急速に行動圏が広がる（環境庁自然保護局野生生物課編、1996）のに対し、クマタカの幼鳥は巣立ち後もその年の冬まで（長い場合は1年以上）巣の周辺に分布し続けるため、幼鳥の巣立ちが確認されている年に巣の周辺を踏査する場合には十分注意する必要がある。

また、繁殖が途中で失敗したことが確認されている場合については、繁殖失敗が確認された後から次の繁殖期の求愛期までの間であれば巣の踏査を実施してもかまわない。ただし、クマタカは早い時期に繁殖に失敗した場合は再産卵する場合があることから、繁殖失敗が確認された場合でも5月上旬以前については巣の探索のための踏査は控えるべきである。

巣の踏査はイヌワシ・クマタカの繁殖に影響を及ぼさないように慎重に行う必要がある。そのため、多人数での踏査は避け、巣の周辺にいる時間はできるだけ短時間にする必要がある。一方でイヌワシ・クマタカの巣は山奥にあることが多く、安全対策にも十分注意する必要がある。踏査は必ず2名以上で行い、ヘルメットを着用する。登山用具（ザイル、水、非常食、雨具、ツェルト等）は季節や踏査距離を検討し、必要に応じた十分な装備を用意する。天候はもちろんのこと、調査員の体調にも十分配慮する。クマ等の野生動物やスズメバチ等の有害昆虫に対する装備も大切である。

なお、巣は1度踏査をすれば必ず見つかるというものではないことを考慮したうえで、調査計画を立てる必要がある。

巣が確認された場合には、巣のある営巣木の位置を地図上に記録する。GPS計測器が利用できる場合には営巣木の位置を計測する。次に、営巣木周辺の植生・群落、営巣木の樹種・樹高・胸高直径、巣の架巣形態・大きさ・地上高等のデータを記録し、巣の状況がわかるような写真を撮影する。また、巣の下にはイヌワシ・クマタカの羽、餌動物の残滓、ペリット等が残っていることがあり、巣を利用している種が本当に調査対象種であるかの確認や餌動物の特定に役に立つことがある。

巣の位置の推定方法

踏査による巣の探索を実施するにあたっては、定点観察の結果から、巣のおおよその位置を推定しておく必要がある。

イヌワシ及びクマタカとも巣材運びや餌運びが確認された場合、その運搬先に巣がある確率が高い。しかし、イヌワシ及びクマタカとも繁殖初期には複数の巣に巣材を運ぶことがあること、また、餌運びについては巣立ち後の幼鳥に与える場合や自分で食するために運んでいる場合もあり、必ずしも巣の位置の特定にはつながらない場合があることに注意する必要がある。

交尾も巣の周辺で行われることが多く、巣を監視するために止まる行動から巣のおおよその位置を推定できることも多い。特にクマタカの雌は産卵前には目立つ位置に長時間止まる誇示止まりが見られる。ディスプレイも巣の周辺で行われることが多いが、行動圏の境界等でもよく見られることから、必ずしも巣の位置を推定できるものではない点に注意する。

巣立ち後の幼鳥が確認できた場合には、その周辺に巣があることが多い。イヌワシでは巣立ち後2週間程度は概ね巣から200m以内で行動し、約1ヶ月たつと半径500m～1kmまで行動圏を広げるとされる（環境庁自然保護局野生生物課、1996）。一方、クマタカでは巣立ち後から翌年2月頃までは巣から500m～1kmの範囲に滞在するとされる（クマタカ生態研究グループ、2000）。

クマタカの雛
ふ化後40日程度

1.5 行動圏の内部構造の解析

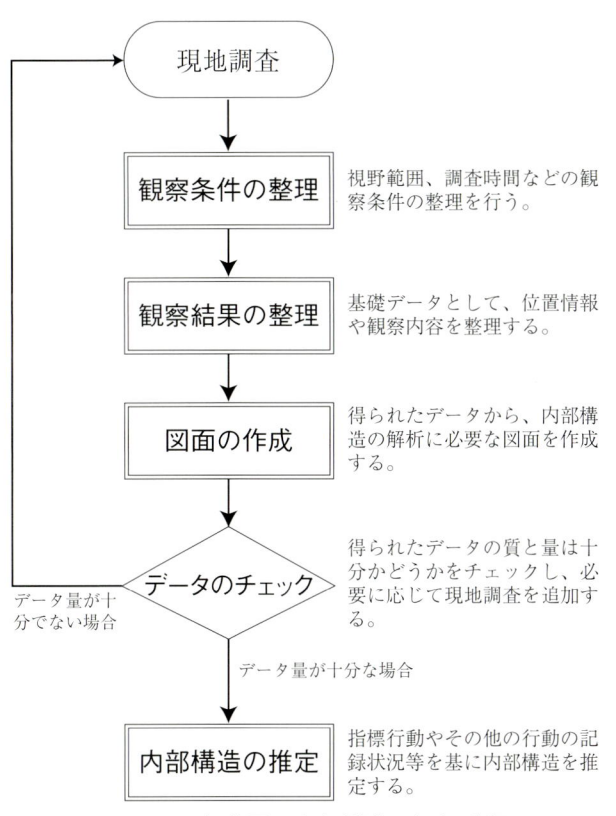

1.5.1 行動圏の内部構造の解析手順

内部構造の解析手順を図—11に示す。

まずはじめに、観察条件と基礎データを整理する。これを基に、内部構造の解析に必要な図面を作成し、指標行動やその他の行動の記録状況等を基に内部構造を解析する。

```
現地調査
  ↓
観察条件の整理   視野範囲、調査時間などの観察条件の整理を行う。
  ↓
観察結果の整理   基礎データとして、位置情報や観察内容を整理する。
  ↓
図面の作成      得られたデータから、内部構造の解析に必要な図面を作成する。
  ↓
データのチェック  得られたデータの質と量は十分かどうかをチェックし、必要に応じて現地調査を追加する。
  ← データ量が十分でない場合
  ↓ データ量が十分な場合
内部構造の推定   指標行動やその他の行動の記録状況等を基に内部構造を推定する。
```

図—11 行動圏の内部構造の解析手順

1.5.2 観察条件の整理

内部構造の整理にあたり、まず視野範囲、調査時間などの観察条件の整理を行う。これは得られたデータをできるだけ定量的、客観的に扱うとともに、解析の精度を高めるために重要なことである。

(1) 視野範囲図

観察定点の配置状況及び調査日一覧の例を図—12及び表—6に示す。また、視野範囲図の整理例を図—13に示す。

調査範囲を全て同じレベルで観察できれば理想的であるが、複雑な山岳地帯においてそのようなことはほとんど不可能である。特にクマタカについては、止まっているところを観察できるかどうかは重要である。そこで、止まりの行動まで調査できる範囲（山肌まで見える範囲）なのか、ディスプレイ等の飛翔行動が行われた場合のみ見える範囲（上空のみ観察可能な範囲）なのかを整理する（概念については図—8視野図の模式図を参照）。

また、観察定点が例えば山頂であれば10km先でも視野が確保されることがある。しかし、10km先の木にとまっているクマタカを発見することはまず不可能である。そこで、解析に用いる視野範囲図は、例えばイヌワシであれば観察定点から5km以内、クマタカでは3km以内として整理する。これにより調査レベルを一定に保ち、より客観的な解析が可能になると考えられる。なお、ここで示した距離はあくまでも参考であり、対象種や必要とされるデータの精度により、適宜距離は変更することとする。

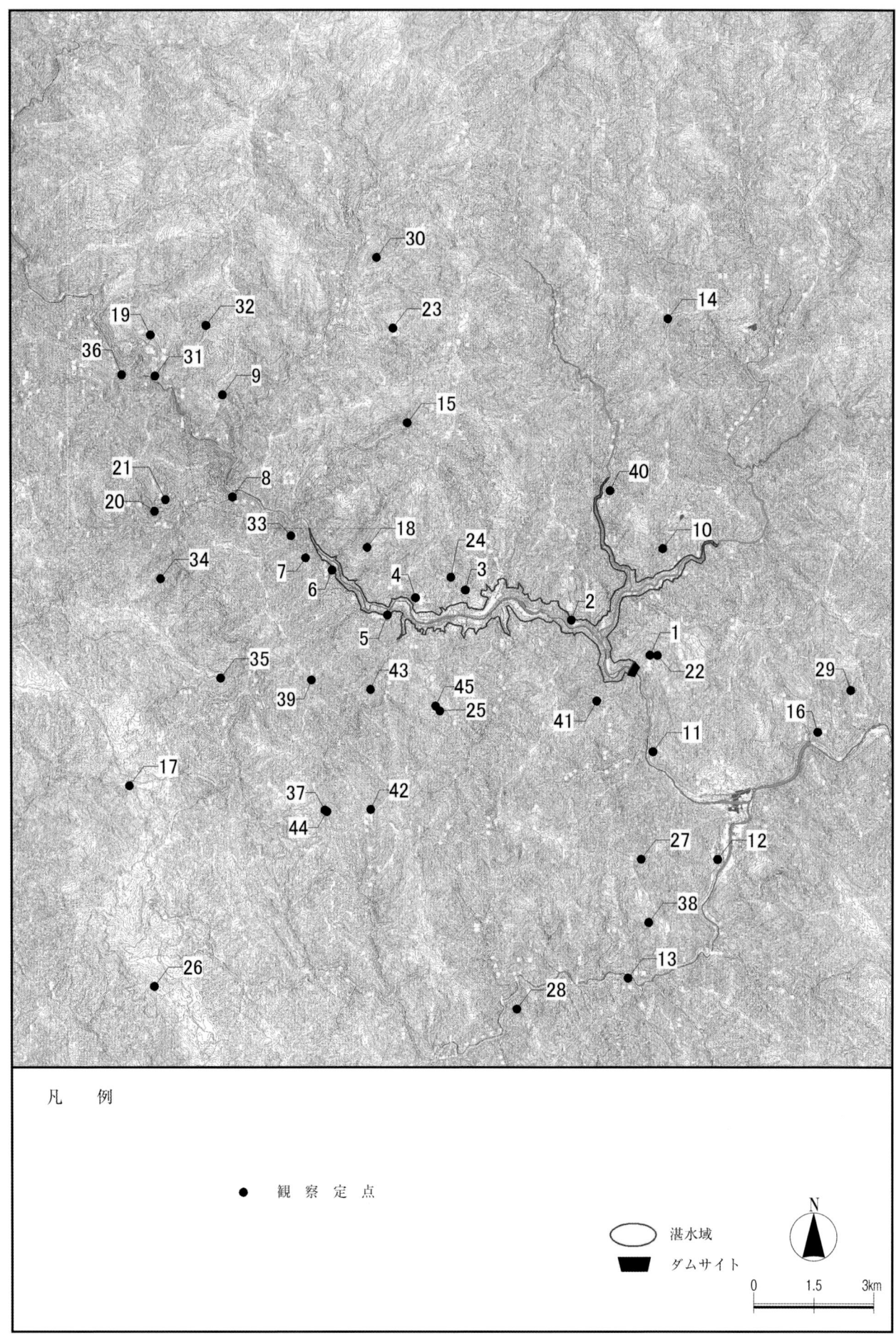

1 工事前のダムにおける調査方法

凡 例

● 観察定点

⬭ 湛水域
⬛ ダムサイト

0 1.5 3km

図－12 観察定点の配置状況

注）本図は架空のものである

1.5 行動圏の内部構造の解析

表—6 調査地点の配置状況

(注) 本表は架空のものである

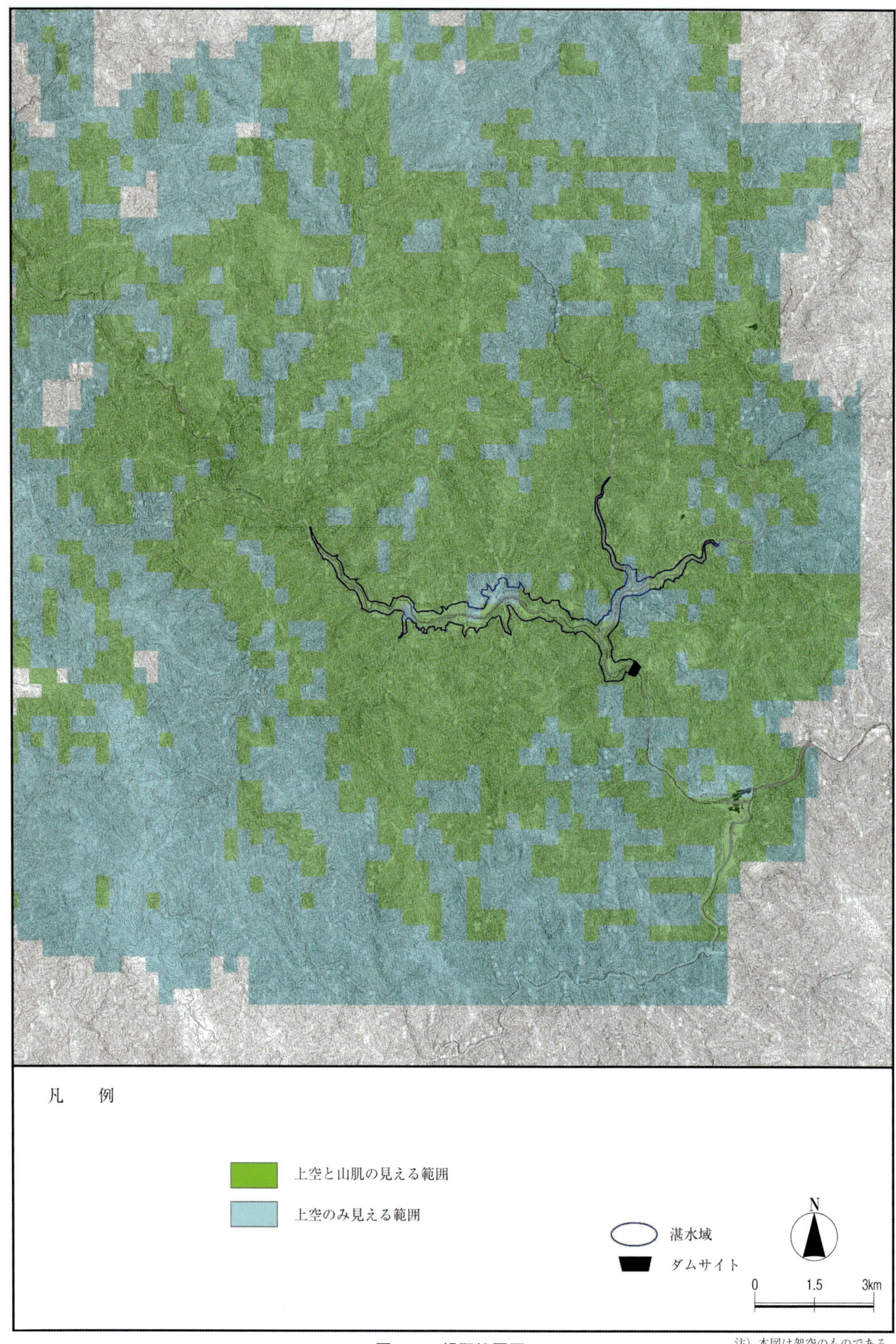

1 工事前のダムにおける調査方法

図—13 視野範囲図

凡例
- 上空と山肌の見える範囲
- 上空のみ見える範囲
- 湛水域
- ダムサイト

注）本図は架空のものである

(2) 累積観察時間図

累積観察時間図の整理例を**図−14**に示す。

累積観察時間図は前述した視野範囲図と累積観察時間を図にまとめたものである。必要に応じて同様な図を繁殖活動中とそれ以外の時期で作成したり、調査月ごとに作成したりする。

ここで、複数地点から観察される場所については、以下のように整理することとする。下図のbの範囲は2地点から観察されているが、その視野時間は2地点での観察時間の加算ではなく、2地点の通算観察時間とする。また、複数の調査員で観察を行っても、観察時間は加算しない。

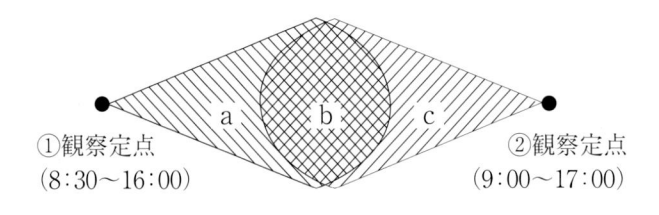

①観察定点　　　　　　　　　②観察定点
（8:30〜16:00）　　　　　　（9:00〜17:00）

範囲	観察時間
a	450分（8:30〜16:00）
b	510分（8:30〜17:00）
c	480分（9:00〜17:00）

観察時間

どのくらいの時間を観察すれば十分なデータが得られるかについては、現在のところ基準となる数値はない。得られるデータ数はその年の繁殖状況等によっても大きく異なることから、むしろ基準となるような観察時間数は存在しないと考えるべきである。そのため「どのくらいの時間を観察すれば十分か」ではなく「どのくらいのデータが収集できたか」を基準とするべきである。

ただし、生息分布調査では「利用されていない場所を明確にすることも重要である」としている。この場合には「どのくらいの時間を観察すればあまり利用されていないと判断できるか」といった基準がどうしても必要である。経験的には100〜150時間程度の観察時間は必要であるが、周辺につがいが生息しており、そのつがいの行動範囲が既に概ね把握できているような場合であれば、50時間程度でも判断できる場合もある。

1.5.3 観察結果の整理

観察されたデータはその全てについて、確認位置を図に記録すると共に、それに対応する観察記録を整理する。この際、複数地点から同一個体を確認したものについては、ひとつのデータとして整理する。基礎データの整理例を**図−15**及び**表−7**に示す。

また、調査の概要や主要な調査結果について、調査の経緯が時系列的に分かるようにとりまとめる（**表−8**）。この際、繁殖活動の状況、その年の繁殖の成否、巣が確認された場合にはその時期等をわかりやすく整理する。

さらに、個体識別できたものについては、その特徴を図示し、個体識別図を作成する（**図−16**）。なお、個体識別を行う際に利用する体の模様の特徴や翼の欠損状況は時間と共に常に変化していくため、個体識別図は最新のものを図示することとする。

なお、現地の状況等に関しては、実際に調査を行った調査員が最もよく把握しているため、データとしては示しにくい現地の状況等に関する調査員のコメントをとりまとめて、調査結果と合わせて整理しておくことが望ましい。

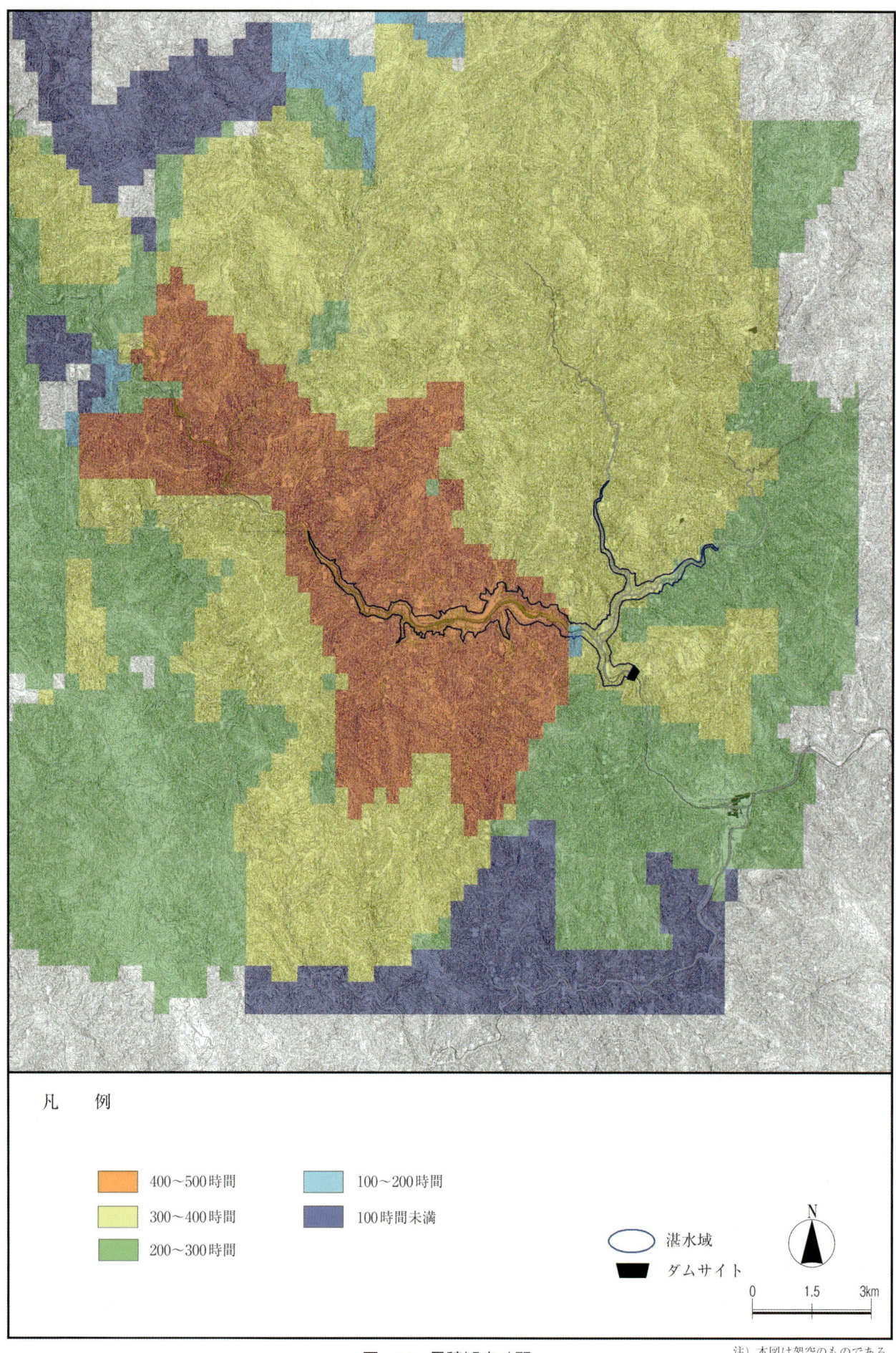

1 工事前のダムにおける調査方法

凡　例

■	400～500時間	■	100～200時間
■	300～400時間	■	100時間未満
■	200～300時間		

○　湛水域
■　ダムサイト

図—14　累積観察時間

注）本図は架空のものである

1.5 行動圏の内部構造の解析

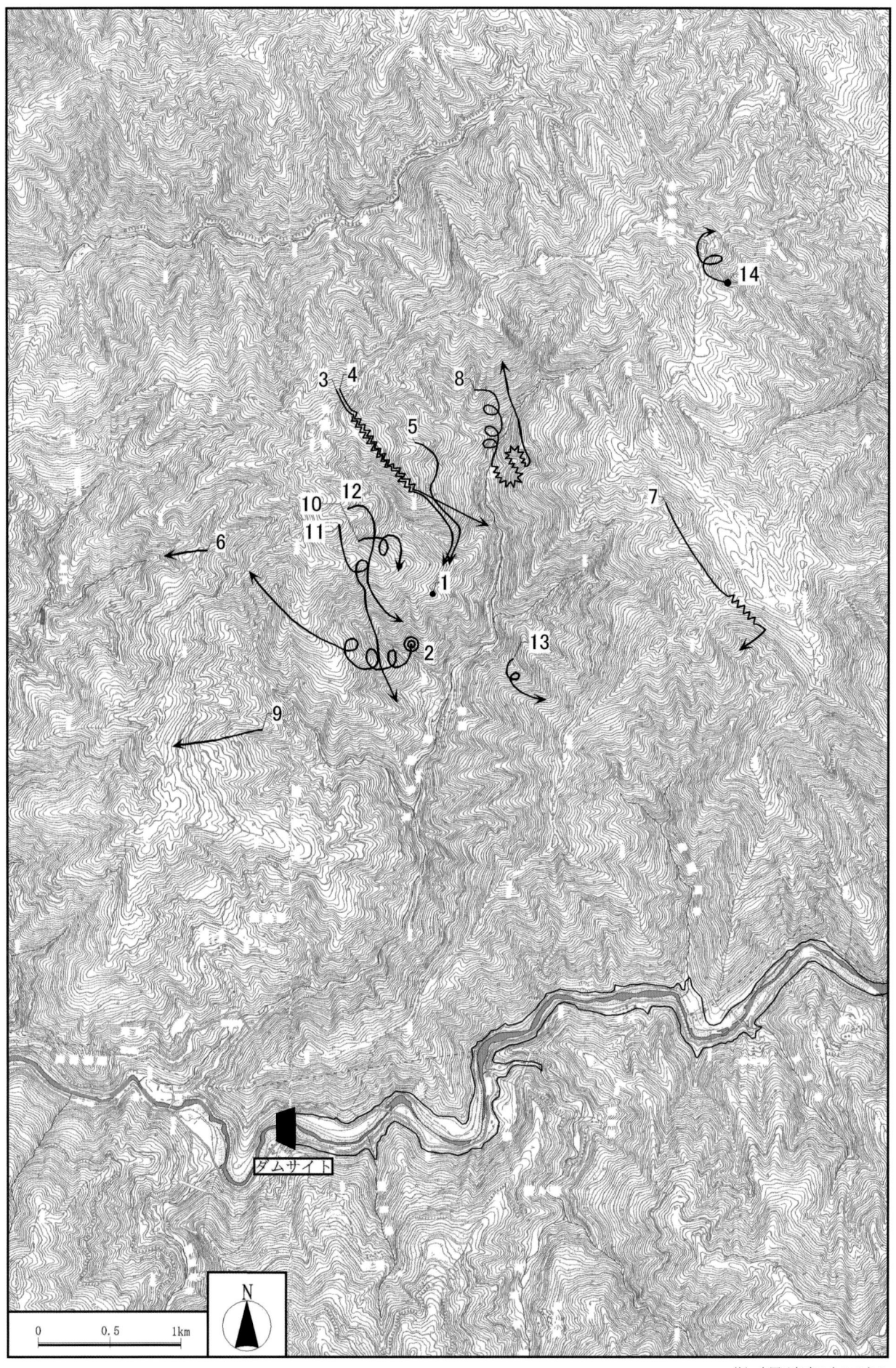

図－15　確認状況図

注）本図は架空のものである

43

1 工事前のダムにおける調査方法

表－7　観察記録

クマタカ　2008年〇月〇日								
No.	観察時間	個体数	年齢	性別	個体No.	標　高(m)	観　察　内　容	観察地点
①	8：53～10：27	1羽	成鳥？	雌	AF	980～　980	山腹斜面上のスギ、ヒノキ林内のアカマツの中層の枝に南東方向（落葉広葉樹林）を向いて止まる。付近をアオバトがうろつくと首をキョロキョロと動かす(静止探餌)。	J2
②	12：28～12：30	1羽	不明	雌		900～　970	谷の中で帆翔旋回上昇を繰り返した後、西へ滑翔。	J
③	13：06～13：19	1羽	成鳥	雄	AM	750～　850	雌(④個体)と2羽で、波状ディスプレイとV字ディスプレイを交えて飛翔、この間雌に2回突っかかる。さらに不明個体(⑤個体)が合流し、3羽で飛翔後、単独で南東へ滑翔。	F5、J、K2
④	13：10～13：18	1羽	不明	雌		850～　850	雄(③個体)と2羽で、波状ディスプレイとV字ディスプレイを交えて飛翔、この間雄に2回突っかかられる。さらに不明個体が合流し、3羽で飛翔後、不明個体(⑤個体)と2羽で南下。	F5、J、K2
⑤	13：12～13：19	1羽	不明	不明		1,050～1,050	雌雄(③、④個体)と合流し、3羽で飛翔後、雌(④個体)と2羽で南下。	F5、J、K2
⑥	13：47～13：51	1羽	成鳥	雄	AM	850～　850	カラスにモビングされながら、斜面上を羽ばたきながら飛翔。	K2、J
⑦	14：09～14：46	1羽	成鳥	雄？		83～1,000	V字ディスプレイを行い谷上空をゆっくりと移動。14：14に急降下し、落葉広葉樹に西南西向き(伐採地方向)に止まる。時々顔の向きを変えながら、14：46に南へ急降下。	F2、F5
⑧	14：26～14：27	1羽	不明	不明		900～1,000	旋回後、浅いV字を保って滑翔。	J
⑨	14：40～14：41	1羽	不明	雌？		730～　800	カラス数羽と共に帆翔していたが、1羽のカラスにモビングされ、スギ植林内に飛び込む。一度飛び出してくるが、再度モビングされ、林内に飛び込む。	F2
⑩	14：46～14：48	1羽	不明	不明		800～　900	別個体(⑫個体)に追われて急降下し、林内の広葉樹に止まる。	F5
⑪	14：46～14：50	1羽	成鳥	雄	AM	900～1,000	別個体(⑫個体)と2羽で伴翔後、徐々に離れて羽ばたきを交えて滑翔移動。	F2、F5
⑫	14：46～14：50	1羽	成鳥	雄？		900～1,000	別個体(⑩個体)を追った後、さらに別個体(⑪個体)と2羽で伴翔後、徐々に離れる。	F5
⑬	14：50～14：52	1羽	不明	不明		900～1,000	単独で旋回後、滑翔。	F5
⑭	16：58～17：15	1羽	不明	雌		1,130～1,150	稜線上の広葉樹枯木に東向き(落葉広葉樹林)に止まっている(静止探餌)。17：10に飛び立ち、斜面沿いを旋回を交えて滑翔。	J

1.5 行動圏の内部構造の解析

表—8 調査概要及び調査結果概要

項目	調査年	調査日	調査内容	最大地点数	Aつがい	Bつがい	Cつがい	Dつがい	Eつがい	Fつがい	Gつがい	Hつがい
行動圏調査	平成20年	10月3〜7日	生息分布調査	15	◎V字ディスプレイ 波状ディスプレイ	◎V字ディスプレイ 波状ディスプレイ H19年生まれの可能性のある幼鳥を確認	◆	◆	◆	◆	◆V字ディスプレイ	◆
		12月5〜9日		15	◎V字ディスプレイ 波状ディスプレイ	◎V字ディスプレイ 波状ディスプレイ H19年生まれの可能性のある幼鳥を確認	◆	◆	◎V字ディスプレイ 波状ディスプレイ	◆	◆	◆
	平成21年	2月20〜24日	事業と関連する2つがい(A,B)が確認されたため、これについては内部構造調査に移行	15	◎V字ディスプレイ 波状ディスプレイ 巣材運び 交尾 誘示止まり	◎V字ディスプレイ 波状ディスプレイ つっかかりディスプレイ 交尾 巣材運び	◆V字ディスプレイ 波状ディスプレイ 交尾	◆	◆	◆	◆V字ディスプレイ	◆V字ディスプレイ
内部構造調査(1年目)		3月10〜14日	幼鳥の行動範囲調査	10	◎クマタカに対する防衛行動 巣の監視	◎	調査対象外	調査対象外	調査対象外	調査対象外	調査対象外	調査対象外
		5月6〜10日		10	◎餌運び 巣にいる雛確認 巣の位置確認	◎						
		6月5〜9日		10	◎育雛確認	◎						
		7月20〜24日		4	●H20年生まれ幼鳥確認	●						
		8月21〜25日		4	●H20年生まれ幼鳥確認	●						
		9月18〜22日		2	●H20年生まれ幼鳥確認							
		10月10〜14日		2	●H20年生まれ幼鳥確認							
まとめ					繁殖成功	繁殖失敗 2月までは繁殖活動確認						つがいと考えられる個体が確認されたが、事業との関連はないと考えられたため、内部構造調査の調査対象とはしなかった。

(注)
◎：行動域の全てを観察
○：行動域のほとんどを観察
●：行動域の半分を観察
△：行動域の半分以下を観察
◆：調査対象だが、対象つがいの行動圏が不明のため観察範囲の程度は不明
無印：観察せず

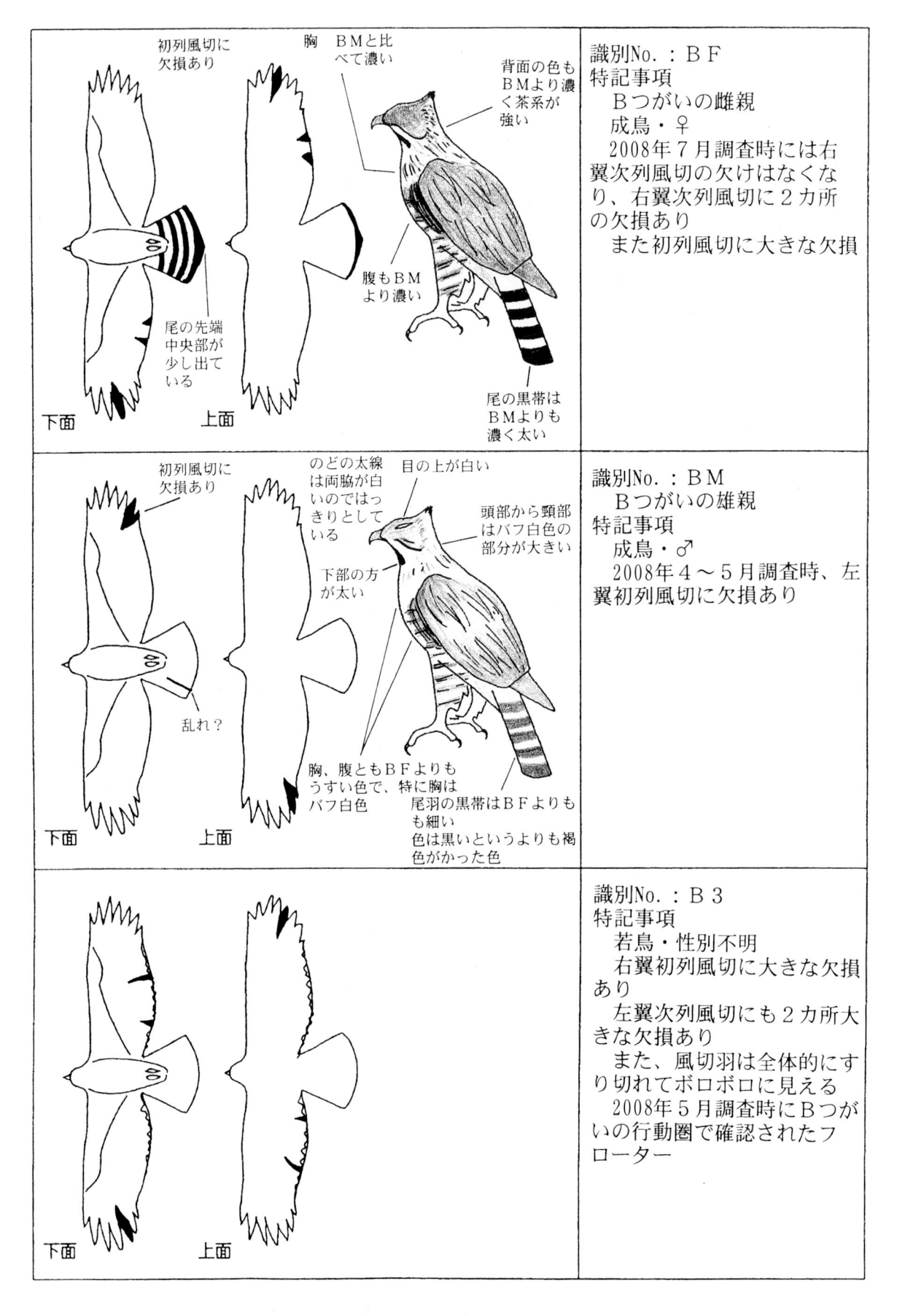

1 工事前のダムにおける調査方法

初列風切に欠損あり／胸／BMと比べて濃い／背面の色もBMより濃く茶系が強い／腹もBMより濃い／尾の先端中央部が少し出ている／尾の黒帯はBMよりも濃く太い／下面／上面	識別No.：BF 特記事項 　Bつがいの雌親 　成鳥・♀ 　2008年7月調査時には右翼次列風切の欠けはなくなり、右翼次列風切に2カ所の欠損あり 　また初列風切に大きな欠損
初列風切に欠損あり／のどの太線は両脇が白いのではっきりとしている／目の上が白い／頭部から頸部はバフ白色の部分が大きい／下部の方が太い／乱れ？／胸、腹ともBFよりもうすい色で、特に胸はバフ白色／尾羽の黒帯はBFよりも細い　色は黒いというよりも褐色がかった色／下面／上面	識別No.：BM 　Bつがいの雄親 特記事項 　成鳥・♂ 　2008年4〜5月調査時、左翼初列風切に欠損あり
下面／上面	識別No.：B3 特記事項 　若鳥・性別不明 　右翼初列風切に大きな欠損あり 　左翼次列風切にも2カ所大きな欠損あり 　また、風切羽は全体的にすり切れてボロボロに見える 　2008年5月調査時にBつがいの行動圏で確認されたフローター

図－16　個体識別図（例）

46

1.5.4 図面の整理

得られたデータを基に、内部構造の推定に必要な図面を時期や行動別にわかりやすく整理する。

(1) イヌワシ

イヌワシの行動圏の内部構造を推定する際の図面様式の例を**表－9**に示す。ここでは、狩り場の推定に頻度解析を用いた方法で内部構造を推定している。作成する図面については、内部構造の推定方法に応じて、適宜検討することが重要である。

頻度解析の算出方法の例を**図－17**に示す。

はじめに各メッシュごとに対象とする行動の観察回数を整理する。次にその地域の観察時間を整理し、この2つのデータから、単位時間当たりの観察頻度を算出する。必要に応じて、例えば観察頻度が平均以上のところを高頻度な利用場所と位置づける。ただし、ここで高頻度な利用場所とは必ずしも平均以上とする必要はなく、調査結果を十分吟味し、得られたデータから、そのケースとして最も適切であると考えられる頻度を基準とすることが重要である。

なお、一連の飛翔を観察していると、例えばイヌワシでは最も近い観察定点から5km以遠まで追跡できることがある。このような場合、飛跡は図面に記載するが、頻度計算には含めないこととする。すなわち、視野範囲図以外の領域の観察結果については頻度は算出しないこととする。

観察回数

32	43	32	0	8	0
36	40	30	7	8	6
53	52	25	12	11	11
52	50	28	15	14	10
35	45	24	30	25	10
34	35	34	35	0	0

累積観察時間

200	200	200	100	100	100
200	200	200	100	100	100
400	200	200	200	200	200
400	200	200	200	200	200
400	400	200	400	300	300
400	400	400	400	300	300

頻　度
(観察回数／累積観察時間×100)

16	22	16	0	8	0
18	20	15	7	8	6
13	26	13	6	6	6
13	25	14	8	7	5
9	11	12	8	8	3
9	9	9	9	0	0

出現頻度の平均値：10
太線枠内：高頻度の利用区域
　　　　（平均以上を基準とした場合）

図－17　頻度解析の算出方法の例

1 工事前のダムにおける調査方法

表－9 イヌワシの行動圏の内部構造を推定する際に作成する図面例

No.	図　　面	使用データ期間、内容等	推定する内部構造等	図番号
①	全行動	・つがいに関係なく過去に得られた全記録を対象。 ・つがい別(個体識別できなかった記録を含む)等で色分けし表示	行動圏	図－20
②	繁殖に関わる行動	・①で推定した行動圏内にある全記録を対象に、交尾、巣の監視等の繁殖に関わる指標行動を抽出	営巣地(巣の位置)	図－21
③	繁殖活動中の狩りに関する行動	・①で推定した行動圏内にある全記録を対象に、繁殖活動中の狩りに関する行動のデータを抽出 ・狩りに関する行動とは、ハンティング、探餌、探餌の可能性のある行動(イヌワシは飛翔しながら探餌することが多いことから、飛翔データのうち、ディスプレイ、長距離移動等の明らかに探餌とは関係のないデータを除いた飛翔)とする。	繁殖活動中の主要な狩り場	図－22
④	繁殖活動中の狩りに関する行動の頻度解析	・③と⑪の図から頻度解析し、高頻度な利用場所を算出	繁殖活動中の主要な狩り場	図－23
⑤	繁殖活動中の狩りに関する行動の頻度解析と植生図との関係	・④の図を植生と重ねる	繁殖活動中の主要な狩り場	図－24
⑥	繁殖活動中以外の時期の狩りに関する行動	・①で推定した行動圏内にある全記録を対象に、繁殖活動中以外の時期の狩りに関する行動のデータを抽出	繁殖活動中以外の時期の主要な狩り場	図－25
⑦	繁殖活動中以外の時期の狩りに関する行動の頻度解析	・⑥と⑪の図から頻度解析し、高頻度な利用場所を算出	繁殖活動中以外の時期の主要な狩り場	図－26
⑧	繁殖活動中以外の時期の狩りに関する行動の頻度解析と植生図との関係	・⑦の図を植生と重ねる	繁殖活動中以外の時期の主要な狩り場	図－27
⑨	旋回上昇地点	・①で推定した行動圏内にある全記録を対象に、旋回上昇地点を抽出	主要な移動ルート	図－28
⑩	視野範囲図	・山肌まで見える部分と上空を飛翔すれば見える部分とに区分 ・年間、繁殖活動中とそれ以外の時期、月毎等必要に応じて作成		図－29 図－30 図－31
⑪	累積観察時間図	・観察時間の程度で区分 ・年間、繁殖活動中とそれ以外の時期、月毎等必要に応じて作成		図－32 図－33 図－34
⑫	幼鳥の行動	・幼鳥の記録を抽出 ・巣立ち後の月数で色分けし表示	営巣地を推定する場合の参考	図－35
⑬	ディスプレイ(繁殖ステージ別)	・つがいに関係なく過去に得られた全記録を対象に、ディスプレイを抽出 ・繁殖ステージ別で色分けし表示	行動圏、営巣地を推定する場合の参考	図－36
⑭	ディスプレイ(種類別)	・つがいに関係なく過去に得られた全記録を対象に、ディスプレイを抽出 ・種類別で色分けし表示	行動圏、営巣地を推定する場合の参考	図－37

(注)　1．「①で推定した行動圏内にある全記録」とは、以下のとおりとした。
　　　　イヌワシの行動圏は隣接つがいとは比較的明確に区分されているという特徴から、個体識別できた記録・できなかった記録を含め、推定された行動圏内の個体は対象つがいである可能性が高いと考えられる。そこで、行動圏内の個体は便宜的に対象つがいであるとした。ただし、個体識別された隣接つがいやフローター(なわばりを形成していない個体)については除くこととする。
　　　2．図－20、図－21、図－24、図－27及び図－28におけるエリアを示す枠線及び主要な移動ルートを示す矢印は、本書のために入れたものであり、実際にはこの図面作成の段階では入っていない。
　　　3．狩り場については、ハンティング及び探餌行動を直接観察したデータのみで解析することも可能であるが、これらの直接観察結果は観察条件によってデータ量が変化する可能性があるため、本書では広く狩りに関連するデータを整理して、その頻度解析により狩り場を推定する方法を用いることとした。
　　　4．ここで繁殖活動中とは求愛期から巣立ちまでの期間とした。ただし、繁殖を途中で中断した場合については、最後に繁殖行動が確認された時点までとする。

(2) クマタカ

クマタカの行動圏の内部構造を推定する際の図面様式の例を表-10に示す。なお、作成図面については、その必要性に応じ適宜検討することが重要である。

表-10 クマタカの行動圏の内部構造を推定する際に作成する図面例

No.	図面	使用データ期間、内容等	推定する内部構造等	図番号
①	全行動	・つがいに関係なく過去に得られた全記録を対象 ・つがい別(個体識別できなかった記録を含む)等で色分けし表示	・コアエリア	図-39(1) 図-39(2)
①-1	止まりに関する全行動	・つがいに関係なく過去に得られた全記録を対象 ・つがい別、行動別もしくは止まりの時間の長さ別等に色分けし表示	・ハンティングの場所 ・営巣地 等	
①-2	飛翔に関する全行動	・つがいに関係なく過去に得られた全記録を対象 ・つがい別(個体識別できなかった記録を含む)等で色分けし表示	・移動ルート ・行動圏内部構造の境界	
②	11～3月の行動	・つがいに関係なく過去に得られた全記録を対象に、11～3月(産卵に至らなかった場合は1～3月)のデータを抽出	・繁殖テリトリー	図-40
③	繁殖に関わる行動	・つがいに関係なく過去に得られた全記録を対象に、交尾、巣の監視等の繁殖に関わる指標行動を抽出	・繁殖テリトリー ・(巣の位置)	図-41
④	幼鳥の行動	・幼鳥の記録を抽出 ・巣立ち後の月数で色分けし表示	・幼鳥の行動範囲	図-42
⑤	視野範囲図	・山肌まで見える部分と上空を飛翔すれば見える部分とに区分 ・年間、11～3月、月毎等必要に応じて作成		図-43 図-44
⑥	累積観察時間図	・観察時間の程度で区分 ・年間、11～3月、月毎等必要に応じて作成		図-45 図-46
⑦	ディスプレイ(繁殖ステージ別)	・つがいに関係なく過去に得られた全記録を対象に、ディスプレイを抽出 ・繁殖ステージ別で色分けし表示	・コアエリア、繁殖テリトリーを推定する場合の参考	図-47
⑧	ディスプレイ(種類別)	・つがいに関係なく過去に得られた全記録を対象に、ディスプレイを抽出 ・種類別で色分けし表示	・コアエリア、繁殖テリトリーを推定する場合の参考	図-48

(注) 図-39、図-40、図-41及び図-42におけるエリアを示す枠線は、本マニュアルのために入れたものであり、実際にはこの図面作成の段階では入っていない。

1.5.5 データのチェック

　内部構造を解析する際には、それに先立ち十分なデータが得られているかのチェックを行う。データのチェックポイントの例を以下に示す。なお、この時点で十分なデータが得られていないと判断された場合はフィードバックし、現地の追加調査を実施する。

(1) 観察条件のチェック

・視野範囲図を作成し、調査範囲に漏れはないか、十分な観察ができていない地域はないかをチェックする。
・累積観察時間図を作成し、調査に偏りはないか、十分な観察ができていない地域はないかをチェックする。

(2) 観察データのチェック

【イヌワシ】
・行動圏を解析するのに十分なデータはとれているか、データの収集時期に偏りはないかをチェックする。
・指標行動、狩りに関するデータは十分かをチェックする。
・個体識別のデータは十分かをチェックする。

【クマタカ】
・コアエリアを解析するのに十分なデータはとれているか、データの収集時期に偏りはないかをチェックする。
・繁殖テリトリーを解析するのに十分なデータはとれているか、データの収集時期に偏りはないかをチェックする。
・指標行動のデータは十分かをチェックする。
・個体識別のデータは十分かをチェックする。
・幼鳥の行動範囲のデータは十分か、その際のデータの収集時期に偏りはないかをチェックする。

データチェックの考え方の例

〈例1：クマタカのコアエリアを解析するためのデータは十分にとれているか〉

　周辺に隣接つがいが存在する場合であれば個体識別により、隣接つがいとの境界が十分把握できる程度のデータが収集できていればよい。

〈例2：クマタカの繁殖テリトリーを解析するためのデータは十分にとれているか〉

　11月～3月の雌親の行動範囲を図面上に累積していくと、いずれかの時点で行動圏の広がりがストップするところがある。この範囲が繁殖テリトリーであり、このようなデータが得られればそのデータは十分であることになる。逆に調査をするたびに行動範囲が広がるようでは、まだ十分なデータが得られていないことになる。

1.5.6 行動圏の内部構造の整理

(1) 定　義

　行動圏の内部構造の推定を行うにあたり、まず、内部構造の定義を行った。イヌワシ・クマタカの行動圏の内部構造のイメージを図－18及び図－19に示す。

　なお、内部構造は、つがいを形成しているものについて定義した。

【イヌワシ】

　イヌワシについては、基本的に明確ななわばりを持って分布していることから、その行動範囲は比較的明確であると考え、つがい毎の「行動圏」を定義した。また、利用形態の観点から、行動圏の中の内部構造として、巣の安全を確保する範囲として「営巣地」を、狩りをする主要な範囲として「主要な狩り場」を、それらをつなぐ移動路として「主要な移動ルート」を定義した。さらに、「主要な狩り場」については、繁殖活動中とそれ以外の時期では利用地域に違いが見られる場合があることから、「繁殖活動中の主要な狩り場」と「繁殖活動中以外の時期の主要な狩り場」に区分した。既存の知見では、繁殖活動中は巣に近い地域が利用されるが、繁殖活動以外では繁殖活動中と比較してより広範囲を利用するとされる(日本イヌワシ研究会ほか編、1994)。また、繁殖期は一般に晩秋から春季にあたるため概ね落葉期に該当するのに対し、非繁殖期は夏季にあたる。過去の事例から落葉期には落葉広葉樹林を餌場として頻繁に利用するのに対し、夏季には葉が茂る樹林帯はあまり利用せず、自然崩壊地等に狩り場が集中した例もある。これらの事例を考慮し、「主要な狩り場」については、繁殖活動中とそれ以外の時期に区分した。ただし、繁殖期の早い段階で繁殖に失敗した場合には、「繁殖活動中以外の時期」に落葉期と落葉期以外の時期が混在してしまうため、解析の際には注意が必要である。

イヌワシ	
行動圏	つがい(家族を含む)単位の主要な行動圏
営巣地	巣の利用と安全を確保するために必要な範囲または植生単位
繁殖活動中の主要な狩り場	繁殖活動中に必要な餌量を確保するために必要な範囲
繁殖活動中以外の時期の主要な狩り場	繁殖活動中以外の時期に必要な餌量を確保するために必要な範囲
主要な移動ルート	営巣地と主要な狩り場、もしくは主要な狩り場間を安全かつ効率よく移動するのに必要な範囲

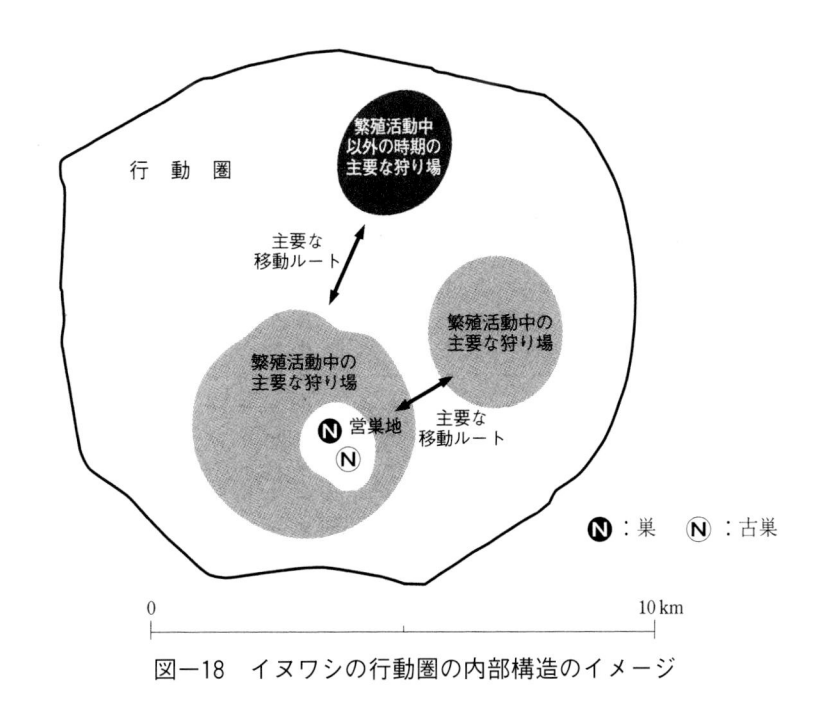

図－18　イヌワシの行動圏の内部構造のイメージ

1 工事前のダムにおける調査方法

【クマタカ】

クマタカについては、クマタカ生態研究グループ(2000)が定義した行動圏内部構造のモデル(**図－19上図**)を基本とし、このうちコアエリア、繁殖テリトリー及び幼鳥の行動範囲を解析の対象とした。クマタカ生態研究グループ(2000)により定義された行動圏内部構造は、テレメトリー調査により得られた結果を解析したものであるのに対し、本書では目視観察を主な調査方法としている。そのため、目視観察では推定が困難であるとされる「遠出場所」、「行動圏」については解析の対象から除いた(**図－19下図**)。

	クマタカ
コアエリア	全行動圏の中で、相対的に利用率の高い範囲(周年の生活の基盤となる範囲)。1年間を通じて、よく利用する範囲
繁殖テリトリー	繁殖期に設定・防衛されるテリトリー(ペア形成・産卵・育雛のために必要な範囲であり、繁殖期に確立されるテリトリー)
幼鳥(巣立ち雛)の行動範囲	巣立ち後の幼鳥が独立できるまでの生活場所

(注)行動圏内部構造の定義は、「クマタカ・その保護管理の考え方(2000、クマタカ生態研究グループ)に従った。

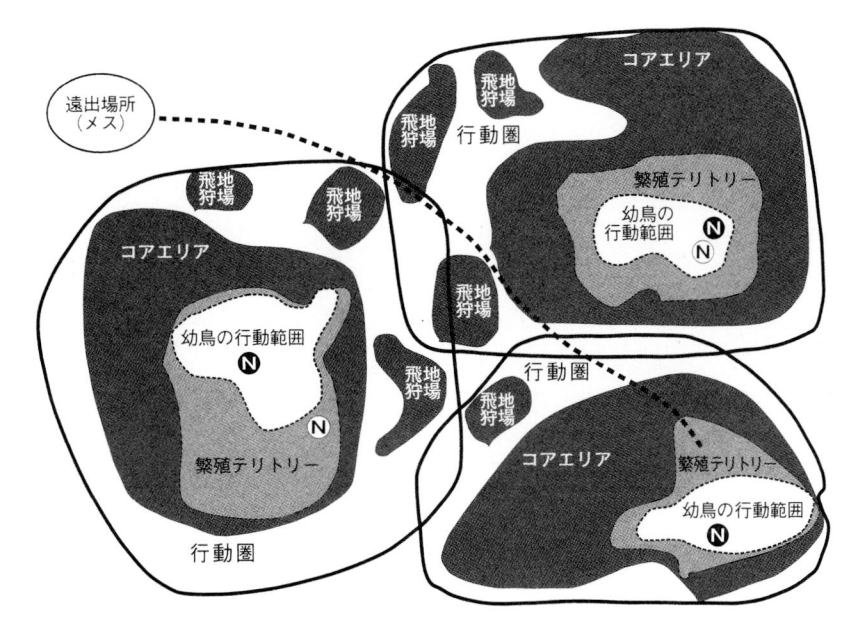

〈クマタカ生態研究グループが解析したクマタカの行動圏内部構造〉

出典：クマタカ生態研究グループ（2000）

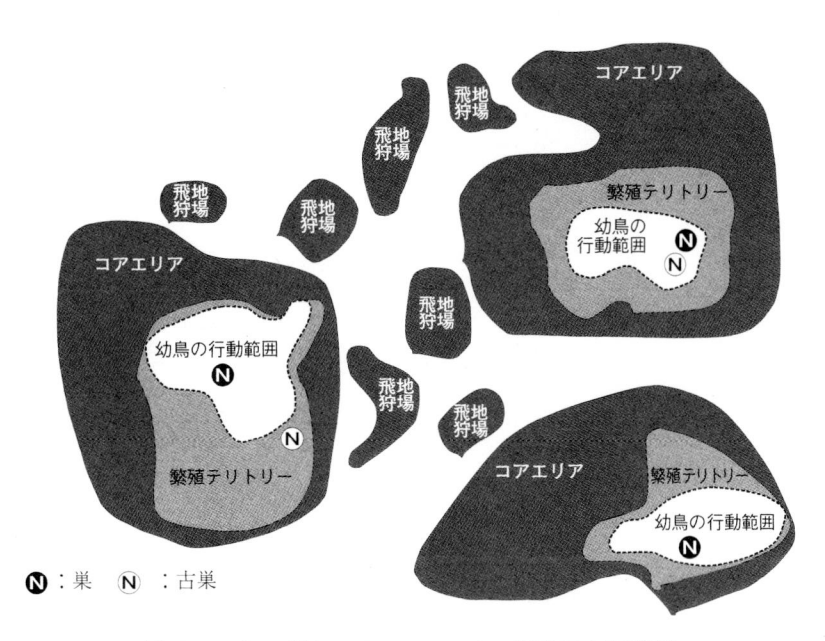

Ⓝ：巣　Ⓝ：古巣

〈本書で解析の対象とするクマタカの行動圏内部構造〉

（注）1．本書では目視観察を主な調査方法としているため、目視観察では推定が困難であるとされる「遠出場所」、「行動圏」については解析の対象から除いた。
2．目視観察では、「飛地狩場」を区分できないことがあり、その場合は「コアエリア」に含まれることになる。

図－19　クマタカの行動圏の内部構造のイメージ

1　工事前のダムにおける調査方法

(2) 推定方法

作成された図面を基に、以下の手順に従い内部構造を推定する。

【イヌワシ】

イヌワシの行動圏の内部構造の推定方法を**表－11**に、その際に利用する図面を**図－20**〜**図－37**に示す。推定された内部構造を**図－38**に示す。

表－11(1)　イヌワシの行動圏の内部構造の推定方法

内部構造	内部構造の推定方法		参照図面
	概　　要	推定方法のポイント	
行動圏	周辺から孤立して分布するつがいの場合、基本的には確認された位置の最外郭を凸状に結んだ区域とし、周辺に隣接つがいが分布する場合には、全確認地点の分布状況を参考に、主要尾根を考慮し推定する。	① 図－20を基に、周辺から孤立して分布するつがいの場合、基本的には確認された行動圏の最外郭を凸状に結ぶ。周辺に隣接つがいが分布する場合には、隣のつがいとの位置関係を考慮しつつ、主尾根を基準に推定する。この場合、境界には対象つがいもしくは隣接つがいのディスプレイが見られることが多いので図－36及び図－37も参考とする。 ② イヌワシの行動圏は基本的には重複しないと考えられるため、隣接つがいの行動圏とは重複しないようにする。 ③ 図－29及び図－32を参照し、観察時間は十分か、データが少ない部分は利用されていないのではなく、観察しづらい区域なのではないか、といったことを十分検討することが重要である。	図－20 図－36 図－37 図－29 図－32
営巣地	巣のある岩棚・大木を含むひとつの谷を基本とし、監視等の指標行動及び植生等を考慮して推定する。また、巣の位置が確認できていない場合には、餌運び等の指標行動等から推定する。	① 図－21を基に、巣の位置がわかっている場合には、雛が巣に座っていることを想定し、雛の視点から、自分のいる巣を取り囲むようにある尾根でラインを引く。この際、巣の監視場所等の指標行動の位置を参考とする。巣の位置がわかっていない場合は巣材運びや餌運びの位置から巣の位置を想定し、上記の手順に従い推定する。 ② 基本的には巣のある斜面の樹林帯とする。 ③ 巣立ち直後の幼鳥は営巣地の周辺に分布するので、営巣地の推定に参考となる(図－35)。 (注) 調査の初期段階で、巣の位置が特定(または推定)できていない場合、ディスプレイを参考にすると(図－36、図－37)、おおよその営巣地の位置が推定できることもある。	図－21 図－35 図－36 図－37

表-11(2)　イヌワシの行動圏の内部構造の推定方法

内部構造	内部構造の推定方法		参照図面
	概　　要	推定方法のポイント	
主要な狩り場（繁殖活動中と繁殖活動中以外の時期）	イヌワシの狩りは主に上空を飛翔しながら行われることが多い。そのため、観察頻度のデータを基に主要な狩り場が推定できると考えられる。そこで、ハンティング、探餌及び探餌の可能性の高い行動（注1参照）のデータにより、高頻度な利用場所を算出する。これを基本に、植生、地形を考慮し主要な狩り場を推定する。	〈繁殖活動中〉 ① 図-22を基に頻度計算を行い、高頻度な利用場所を算出する（図-23）。これを植生図と重ね合わせ（図-24）、尾根等の地形を考慮し、推定する（注2参照）。 ② 図-30及び図-33を参照し、観察時間は十分か、データが少ない部分は利用されていないのではなく、観察しづらい区域なのではないか、といったことを十分検討することが重要である。 〈繁殖活動中以外の時期〉 ① 推定方法は上記に準ずる。参考図面は図-25、図-26、図-27、図-31及び図-34	図-22 図-23 図-24 図-30 図-33 図-25 図-26 図-27 図-31 図-34
	（注1）野外において、イヌワシの動きからそれが探餌行動であると判断するためには、そのわずかな動きを観察する必要がある。この場合、かなり至近距離からイヌワシを観察できることが条件となる。しかし、イヌワシを対象とする調査地域は積雪地の山岳地帯であることが多く、このような条件をクリアすることは困難であると考えられる。そのため、野外で観察できる探餌行動の記録は本来の行動よりもかなり少なくなることが予想され、狩り場について過小評価される可能性が考えられる。そこで、本書では以下のような対応を行った。イヌワシの狩りは飛翔しながら行うことが多いことが知られている。そこで、観察されたすべての飛翔からディスプレイ等の明らかに狩りと関係のない飛翔を除いた飛翔を「探餌の可能性の高い行動」と定義し、実際に観察された探餌行動と同等レベルで解析することとした。 （注2）「狩り場」とは、野外において直接ハンティングや探餌行動が観察された地域とすべきであるとの意見もある。しかし、このように直接観察したデータのみで狩り場を解析した場合、観察条件の良い地域では、多くのデータが蓄積されるが、観察条件の悪い地域ではデータ量が少なくなってしまう可能性がある。イヌワシを対象とする調査地域の多くが、積雪地の山岳地帯であることを考慮すると、調査範囲の全てを平均的に調査することは不可能であると考えられる。そのため、本書では広く狩りに関するデータを整理し、その頻度解析により狩り場を推定する方法を採用した。		
主要な移動ルート	営巣地及び主要な狩り場の位置と飛跡の位置を基本に、旋回上昇地点の位置を参考に推定する。	① 図-28及び図-20を基に、営巣地と主要な狩り場もしくは主要な狩り場同士をつなぐ主要なルートを飛跡及び旋回上昇地点の位置を考慮し選定する。	図-28 図-20

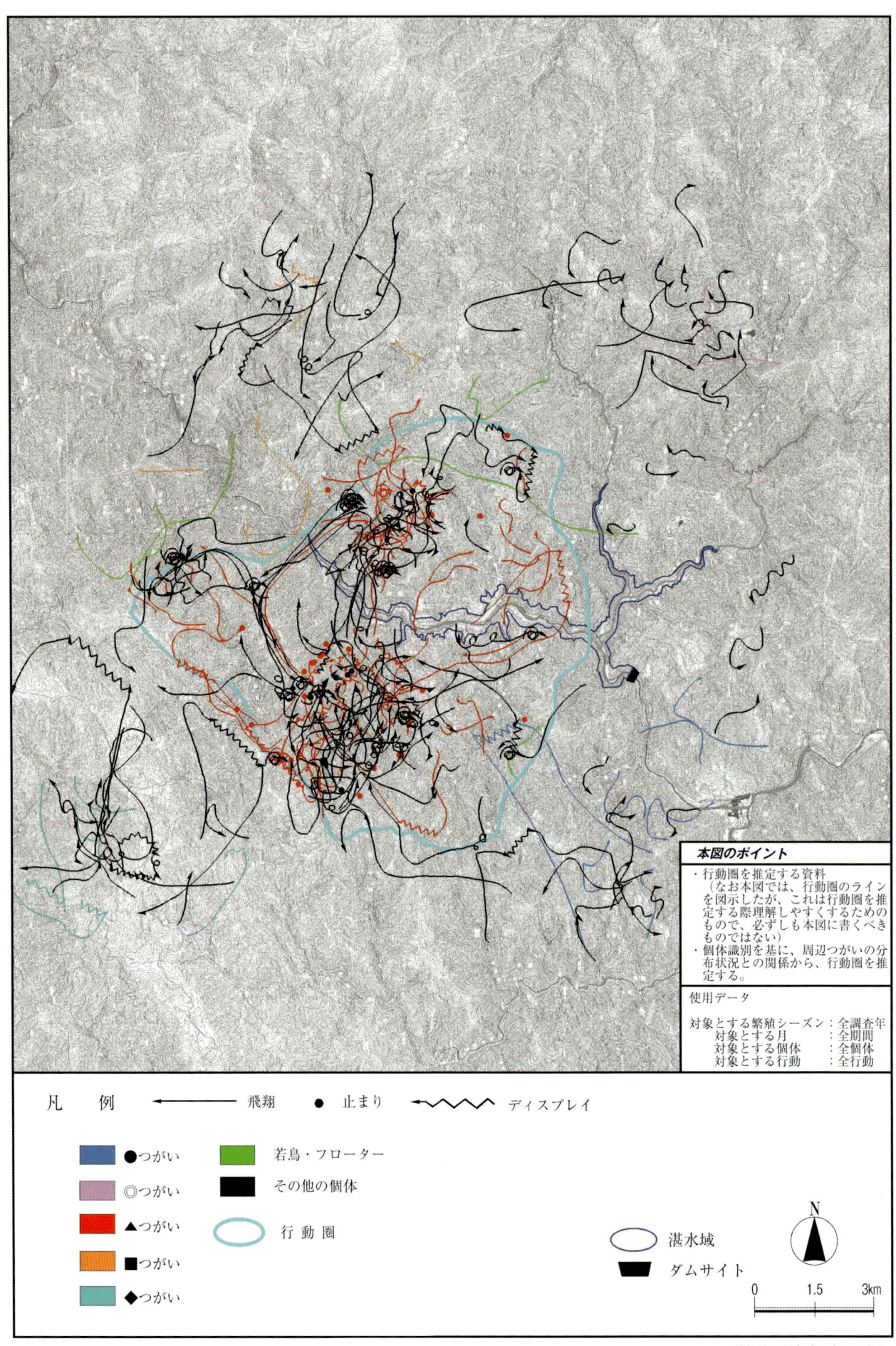

1　工事前のダムにおける調査方法

図－20　イヌワシの全行動

注）本図は架空のものである

1.5 行動圏の内部構造の解析

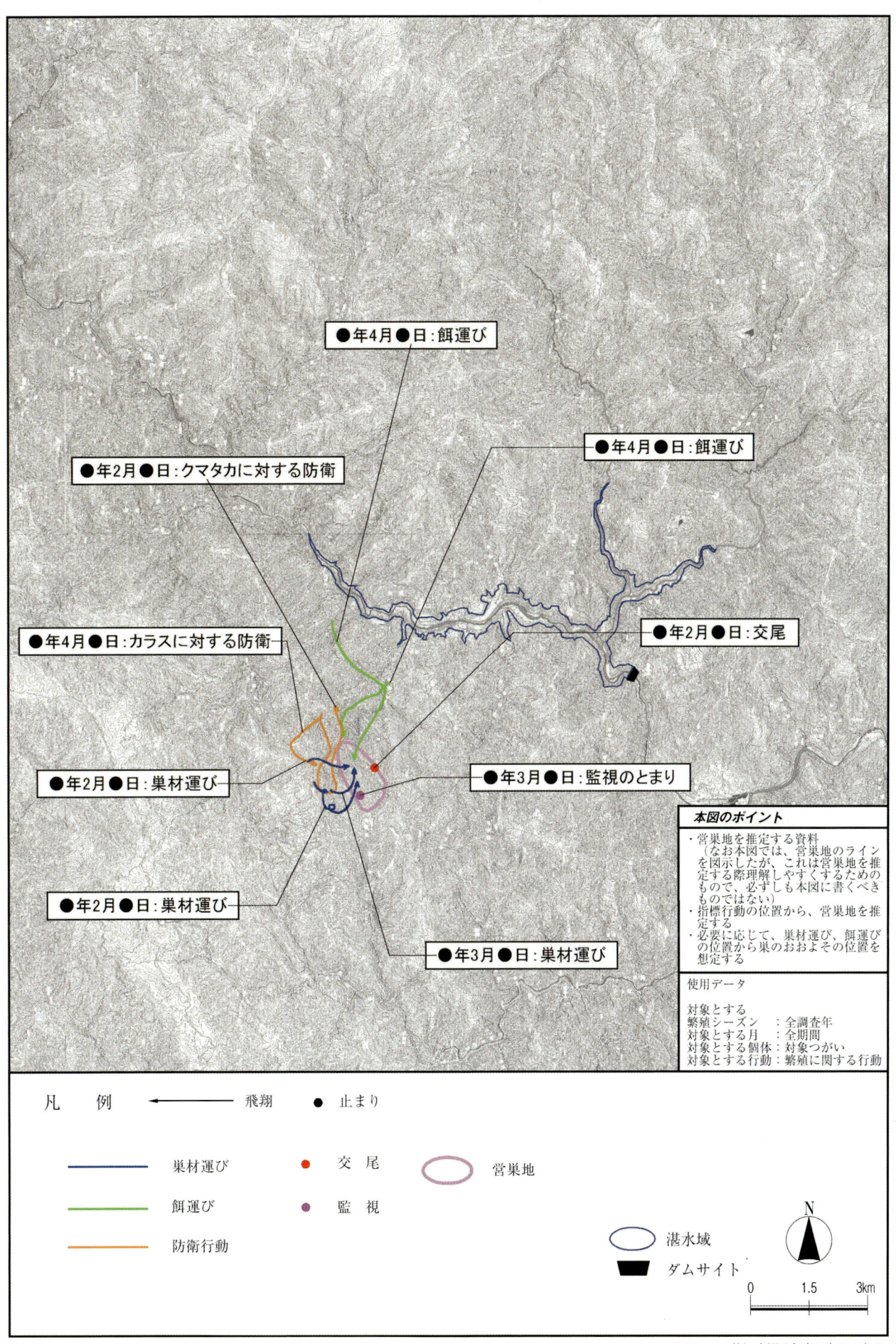

凡 例	← 飛翔	● 止まり	
── 巣材運び	● 交 尾	○ 営巣地	
── 餌運び	● 監 視		
── 防衛行動		○ 湛水域	N
		■ ダムサイト	0 1.5 3km

ラベル:
- ●年4月●日：餌運び
- ●年2月●日：クマタカに対する防衛
- ●年4月●日：餌運び
- ●年4月●日：カラスに対する防衛
- ●年2月●日：交尾
- ●年2月●日：巣材運び
- ●年3月●日：監視のとまり
- ●年2月●日：巣材運び
- ●年3月●日：巣材運び

本図のポイント
・営巣地を推定する資料
　（なお本図では、営巣地のラインを図示したが、これは営巣地を推定する際理解しやすくするためのもので、必ずしも本図に書くべきものではない）
・指標行動の位置から、営巣地を推定する
・必要に応じて、巣材運び、餌運びの位置から巣のおおよその位置を想定する

使用データ
対象とする
繁殖シーズン　：全調査年
対象とする月　：全期間
対象とする個体：対象つがい
対象とする行動：繁殖に関する行動

図－21　イヌワシの繁殖に関わる行動

注）本図は架空のものである

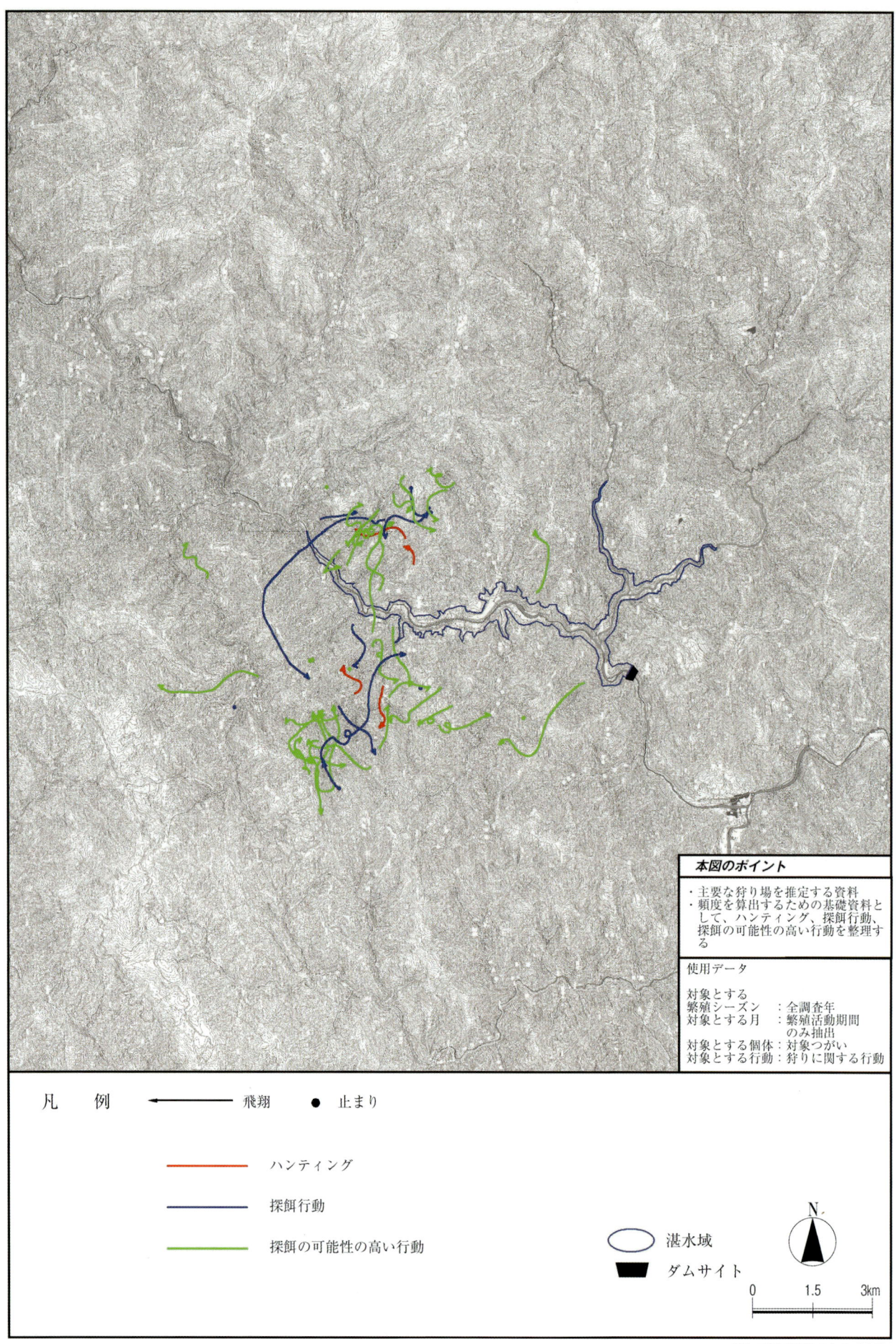

1　工事前のダムにおける調査方法

図−22　イヌワシの繁殖活動中の狩りに関する行動

注）本図は架空のものである

1.5 行動圏の内部構造の解析

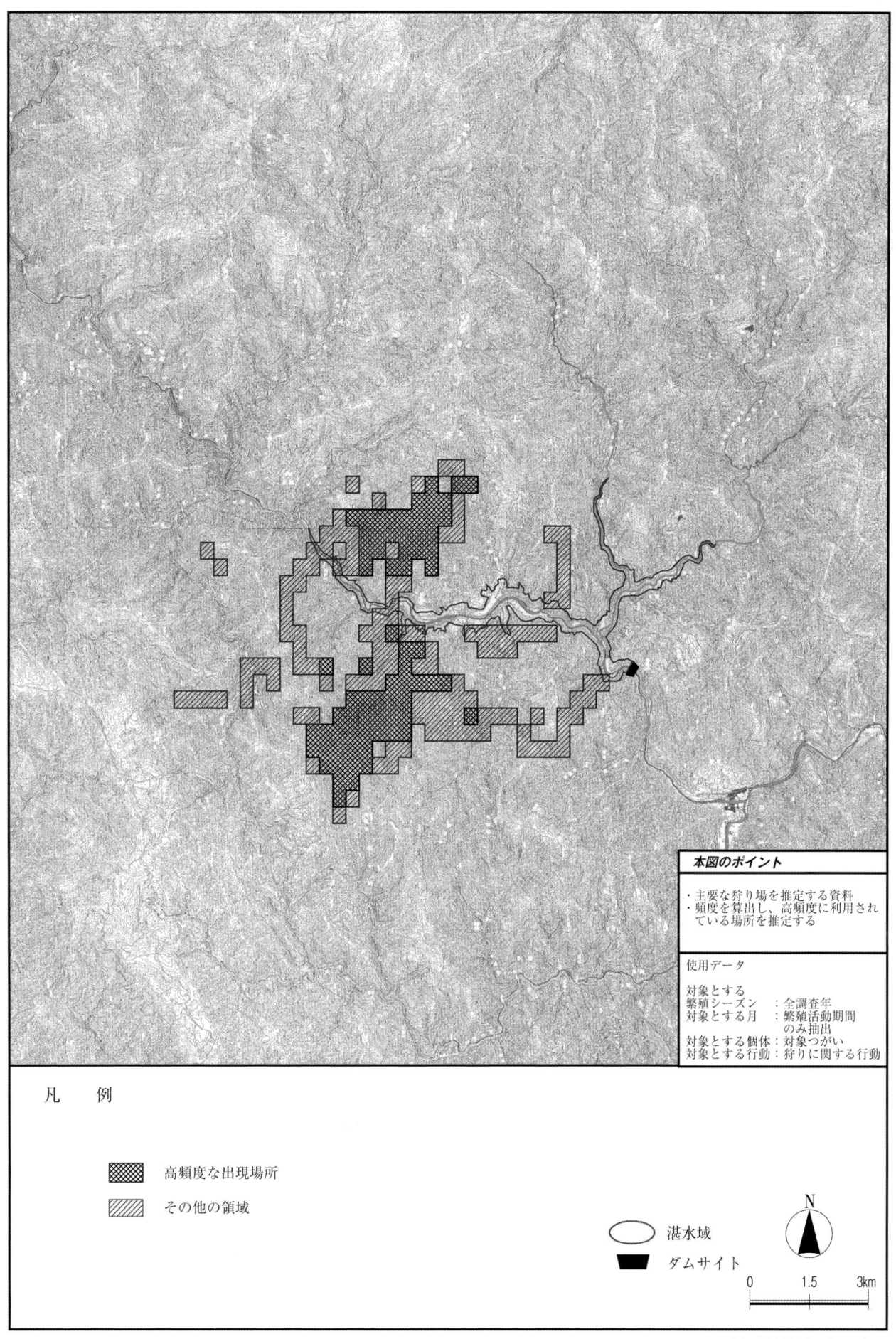

本図のポイント

・主要な狩り場を推定する資料
・頻度を算出し、高頻度に利用されている場所を推定する

使用データ

対象とする
繁殖シーズン ：全調査年
対象とする月 ：繁殖活動期間
　　　　　　　　のみ抽出
対象とする個体：対象つがい
対象とする行動：狩りに関する行動

凡　例

▨ 高頻度な出現場所
▨ その他の領域

◯ 湛水域
■ ダムサイト

図-23　イヌワシの繁殖活動中の狩りに関する行動の頻度解析　　注）本図は架空のものである

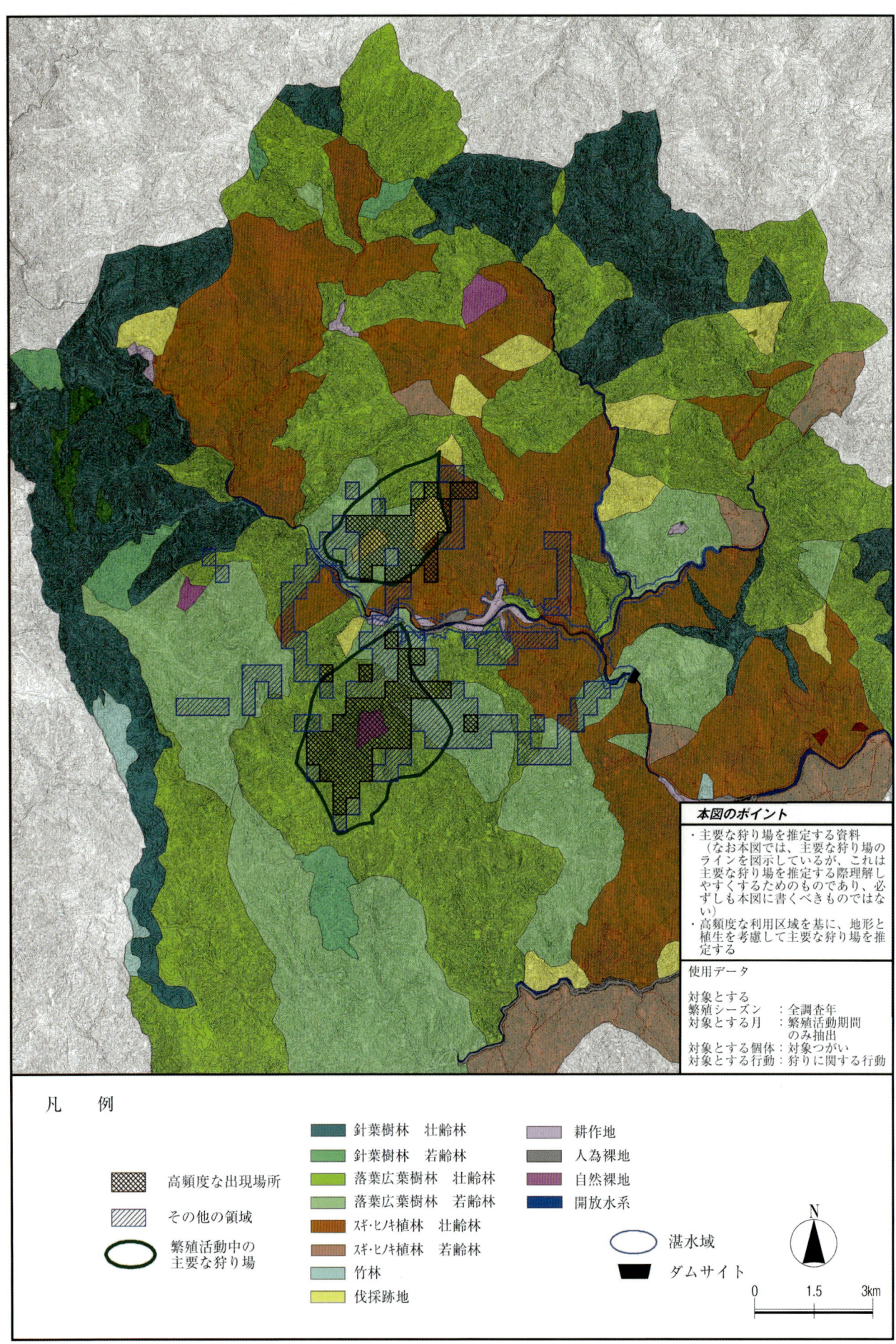

1 工事前のダムにおける調査方法

図-24 イヌワシの繁殖活動中の狩りに関する行動の頻度解析と植生との関係

1.5 行動圏の内部構造の解析

本図のポイント
・主要な狩り場を推定する資料
・頻度を算出するための基礎資料として、ハンティング、探餌行動、探餌の可能性の高い行動を整理する

使用データ
対象とする
繁殖シーズン ：全調査年
対象とする月 ：繁殖活動中以外の期間のみ抽出
対象とする個体：対象つがい
対象とする行動：狩りに関する行動

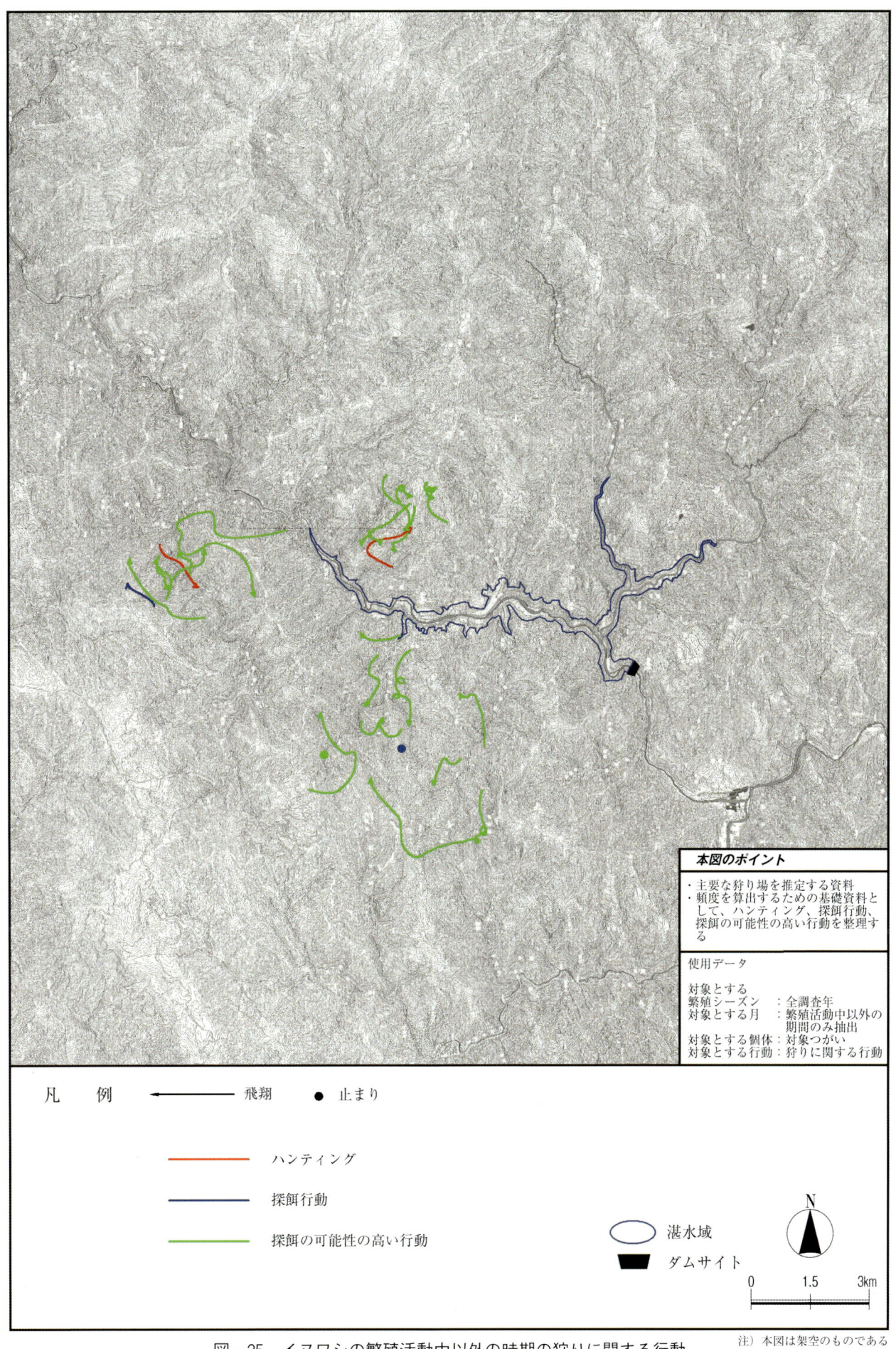

凡　例　　　←―― 飛翔　　● 止まり

――― ハンティング
――― 探餌行動
――― 探餌の可能性の高い行動

○ 湛水域
■ ダムサイト

0　1.5　3km

図－25　イヌワシの繁殖活動中以外の時期の狩りに関する行動

注）本図は架空のものである

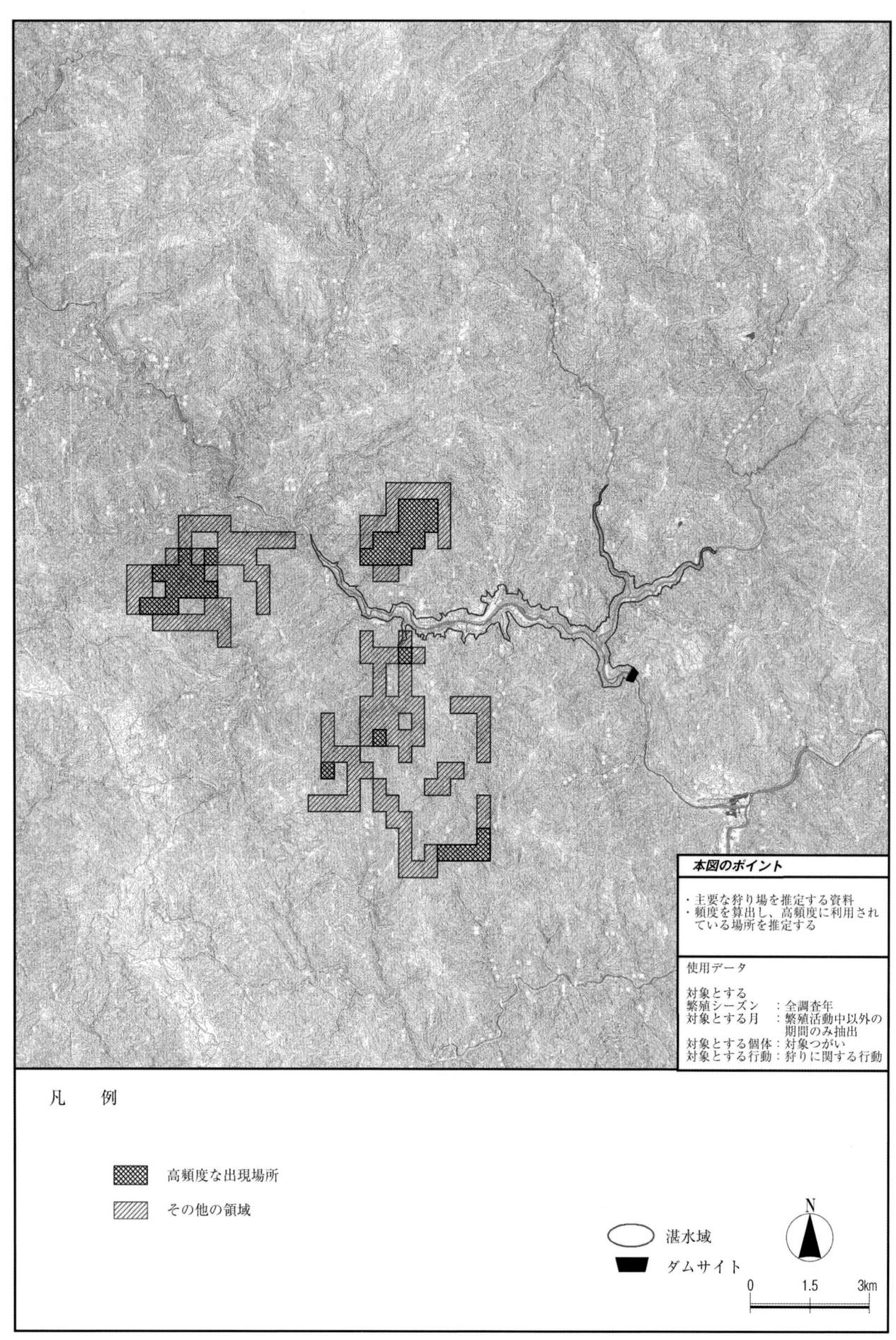

1 工事前のダムにおける調査方法

凡　例

▨	高頻度な出現場所
▨	その他の領域
◯	湛水域
■	ダムサイト

0　1.5　3km

注）本図は架空のものである

図－26　イヌワシの繁殖活動中以外の時期の狩りに関する行動の頻度解析

本図のポイント
・主要な狩り場を推定する資料
・頻度を算出し、高頻度に利用されている場所を推定する

使用データ
対象とする
繁殖シーズン　：全調査年
対象とする月　：繁殖活動中以外の期間のみ抽出
対象とする個体：対象つがい
対象とする行動：狩りに関する行動

1.5 行動圏の内部構造の解析

図－27 イヌワシの繁殖活動中以外の時期の狩りに関する行動の頻度解析と植生との関係

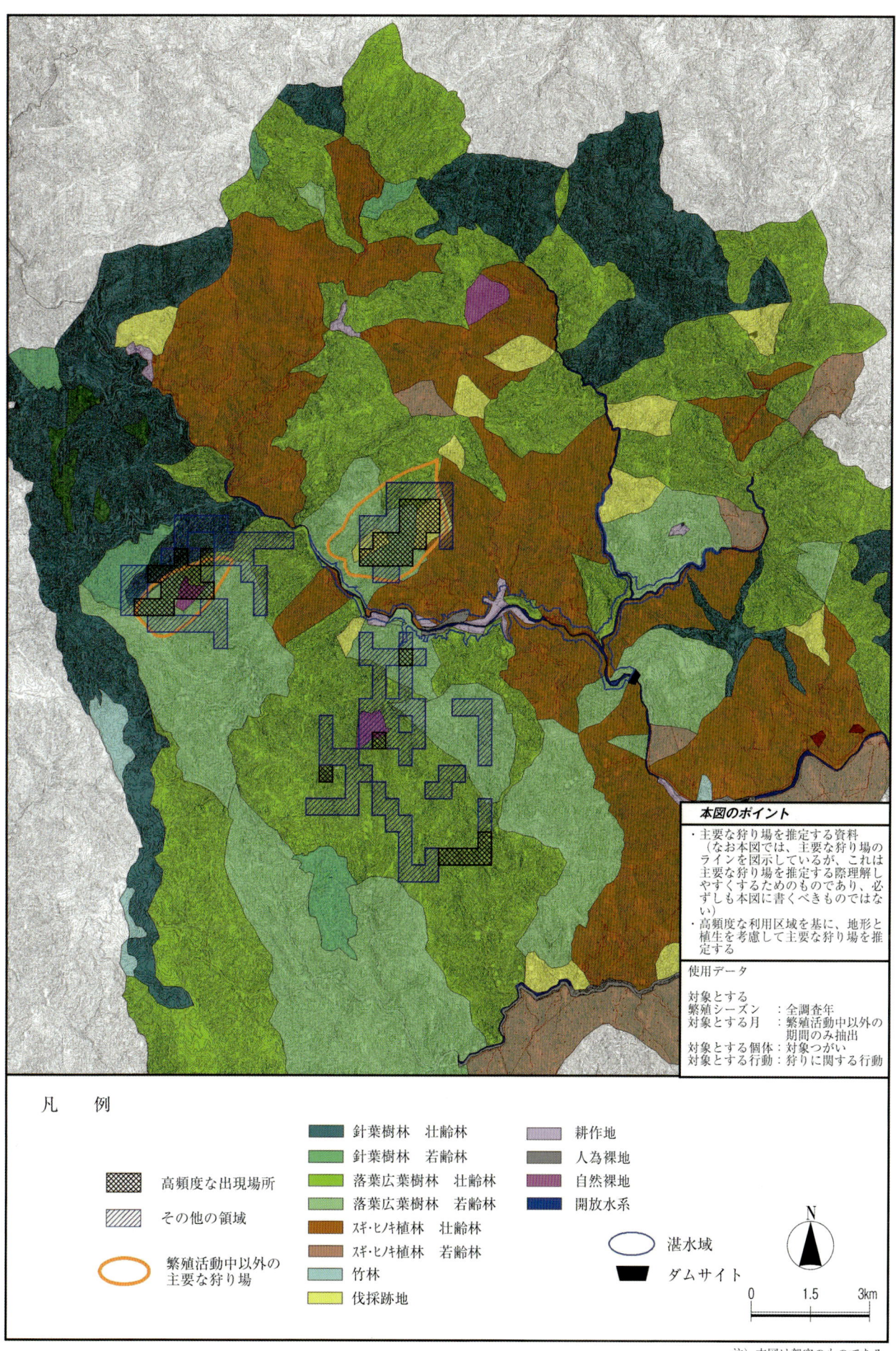

注）本図は架空のものである

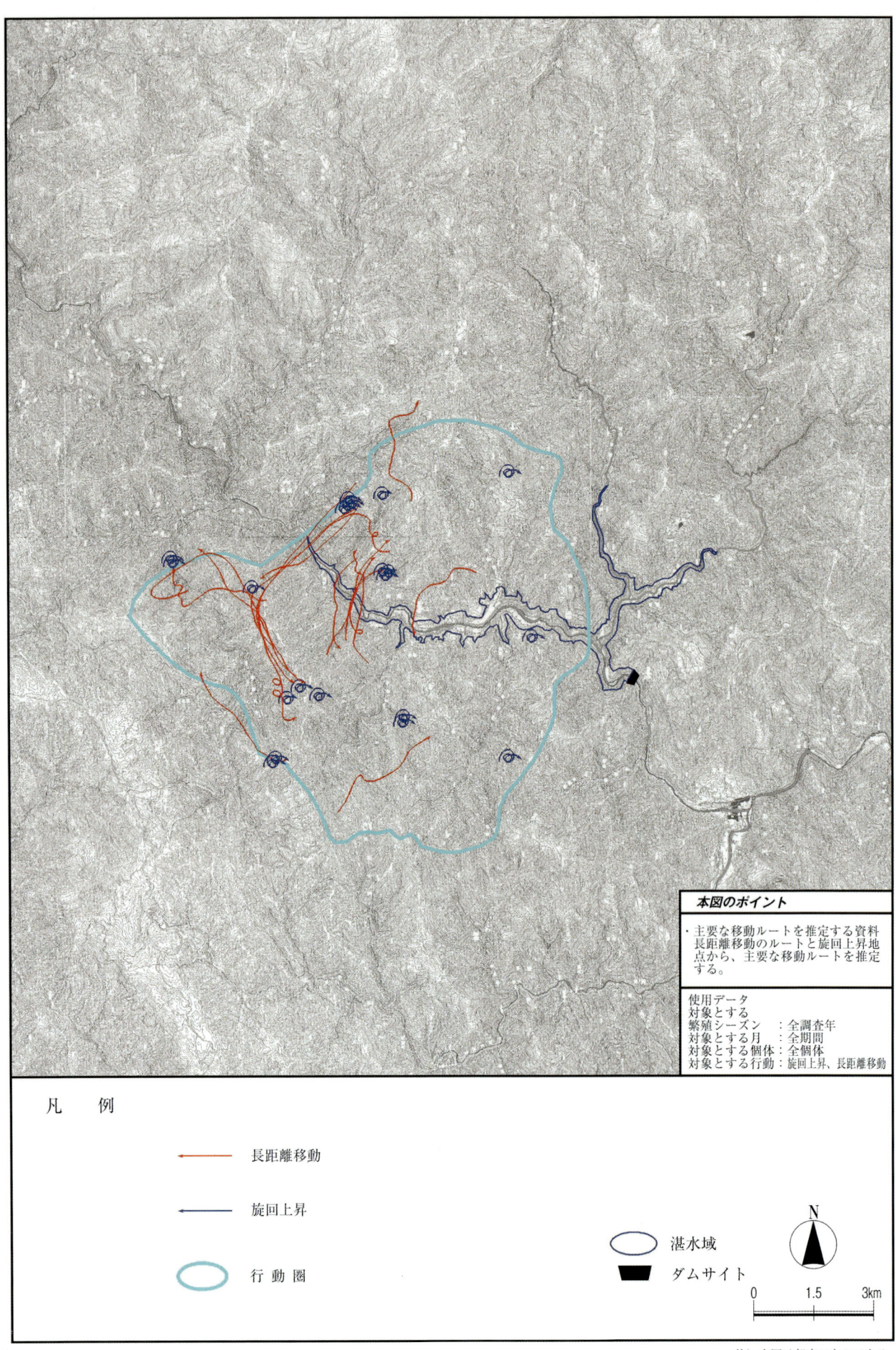

1 工事前のダムにおける調査方法

図-28　旋回上昇地点

1.5 行動圏の内部構造の解析

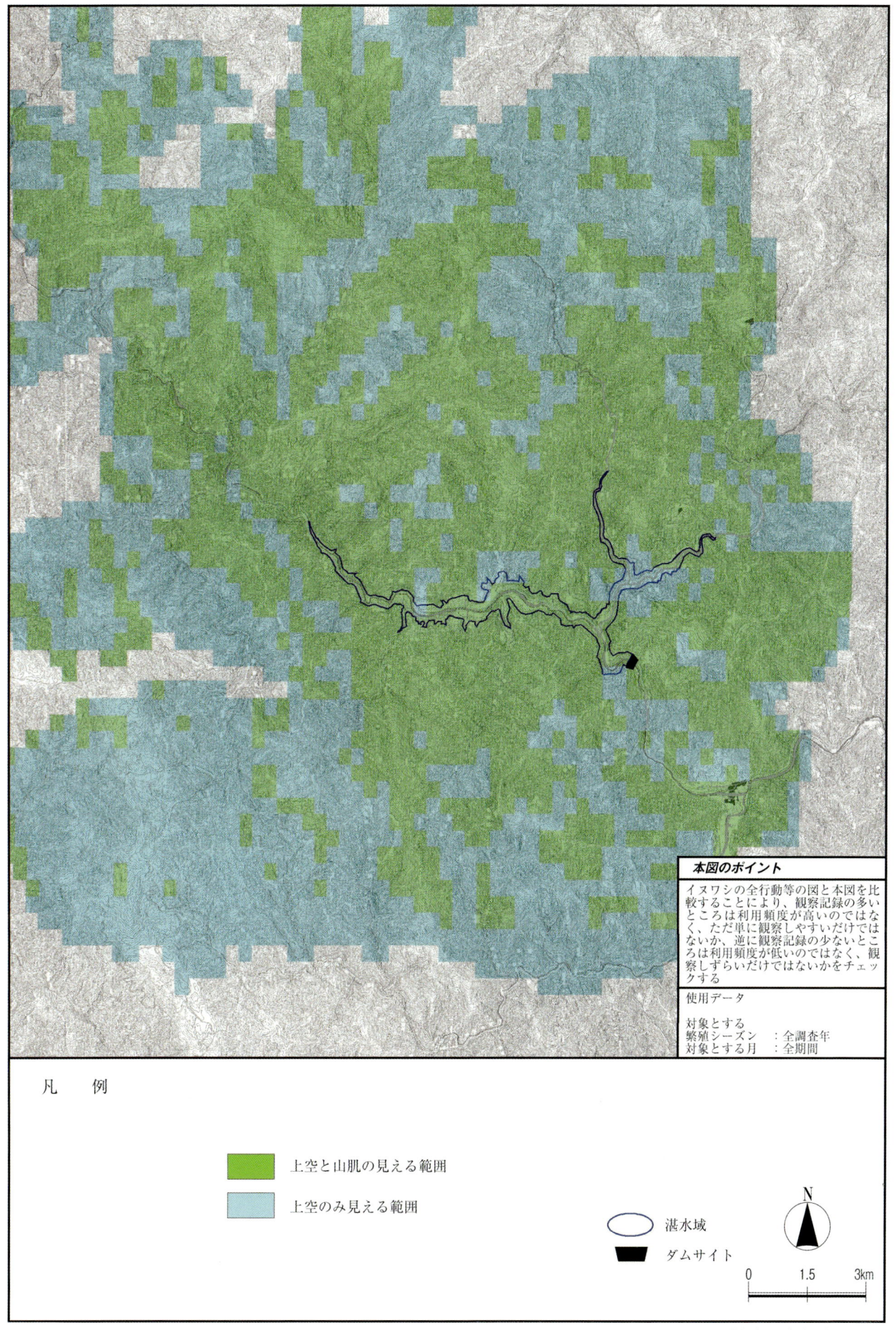

本図のポイント
イヌワシの全行動等の図と本図を比較することにより、観察記録の多いところは利用頻度が高いのではなく、ただ単に観察しやすいだけではないか、逆に観察記録の少ないところは利用頻度が低いのではなく、観察しずらいだけではないかをチェックする
使用データ
対象とする 繁殖シーズン ：全調査年 対象とする月　：全期間

凡　例

■ 上空と山肌の見える範囲
■ 上空のみ見える範囲

◯ 湛水域
■ ダムサイト

N

0　　1.5　　3km

図－29　視野範囲図（全期間）

注）本図は架空のものである

65

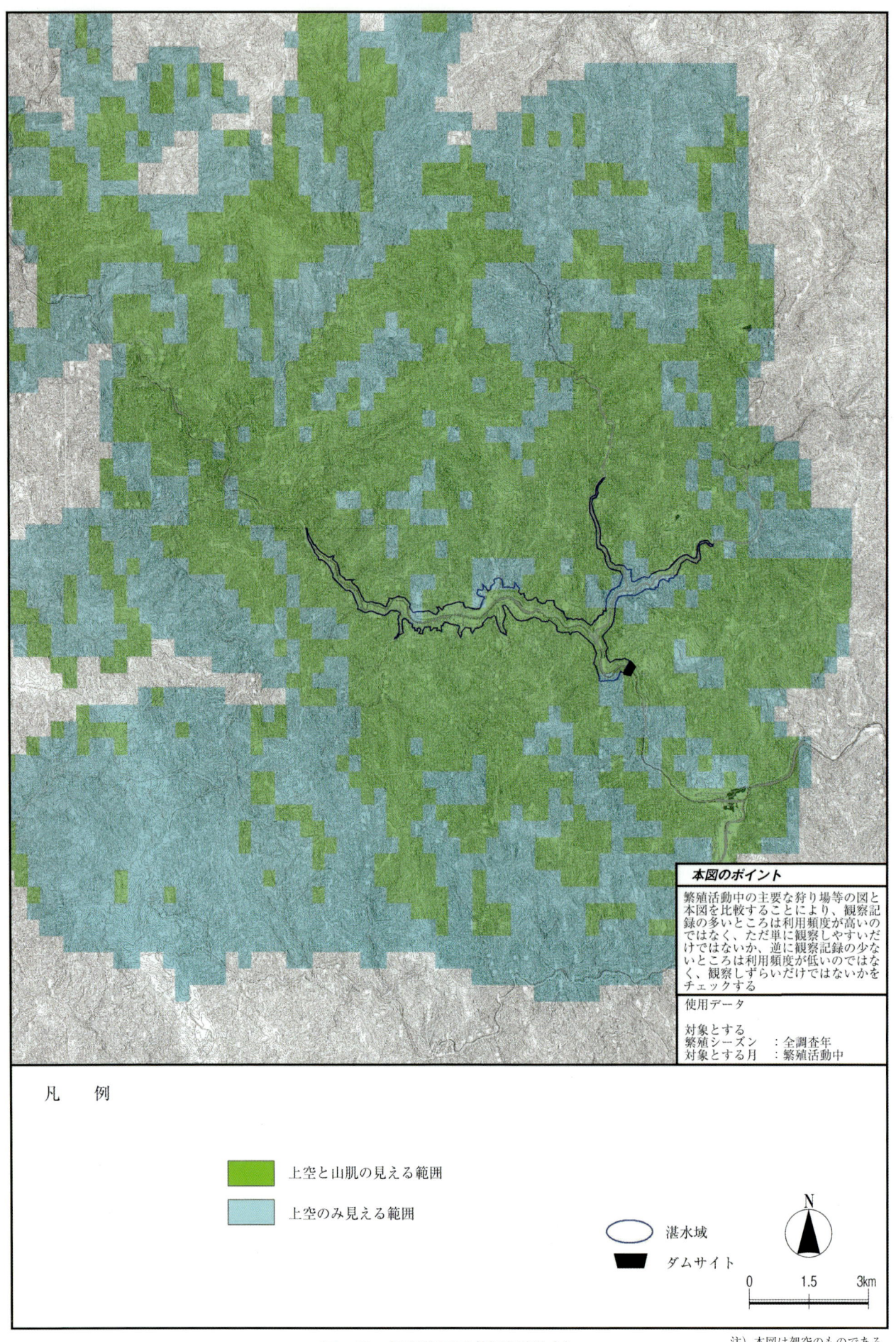

1 工事前のダムにおける調査方法

凡 例

■ 上空と山肌の見える範囲
■ 上空のみ見える範囲
○ 湛水域
■ ダムサイト

本図のポイント

繁殖活動中の主要な狩り場等の図と本図を比較することにより、観察記録の多いところは利用頻度が高いのではなく、ただ単に観察しやすいだけではないか、逆に観察記録の少ないところは利用頻度が低いのではなく、観察しずらいだけではないかをチェックする

使用データ

対象とする
繁殖シーズン ：全調査年
対象とする月 ：繁殖活動中

図－30　視野範囲図（繁殖活動中）

注）本図は架空のものである

1.5 行動圏の内部構造の解析

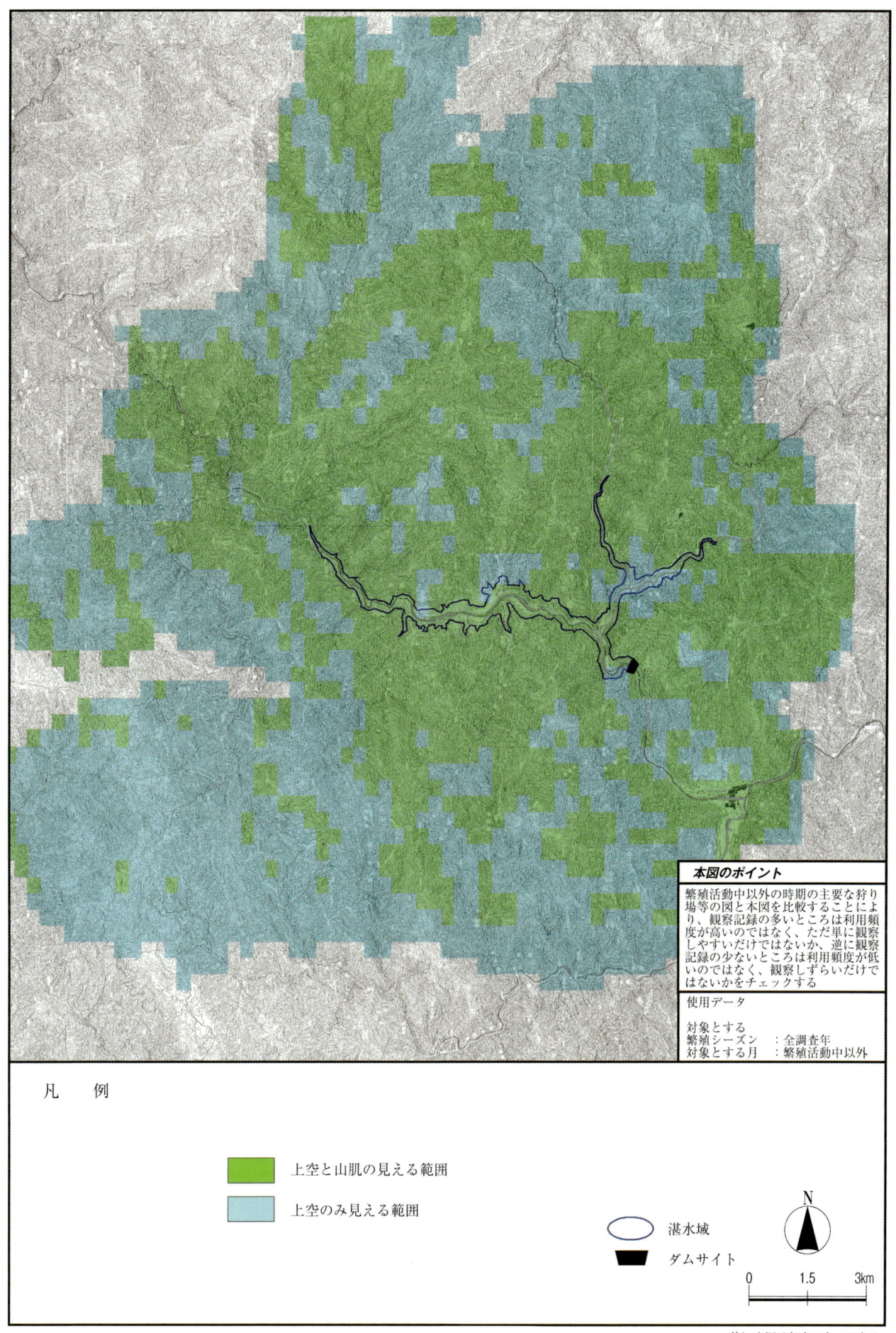

本図のポイント

繁殖活動中以外の時期の主要な狩り場等の図と本図を比較することにより、観察記録の多いところは利用頻度が高いのではなく、ただ単に観察しやすいだけではないか、逆に観察記録の少ないところは利用頻度が低いのではなく、観察しずらいだけではないかをチェックする

使用データ

対象とする
繁殖シーズン ：全調査年
対象とする月 ：繁殖活動中以外

凡 例

■ 上空と山肌の見える範囲
■ 上空のみ見える範囲

○ 湛水域
■ ダムサイト

0　1.5　3km

図－31　視野範囲図（繁殖活動中以外の時期）

注）本図は架空のものである

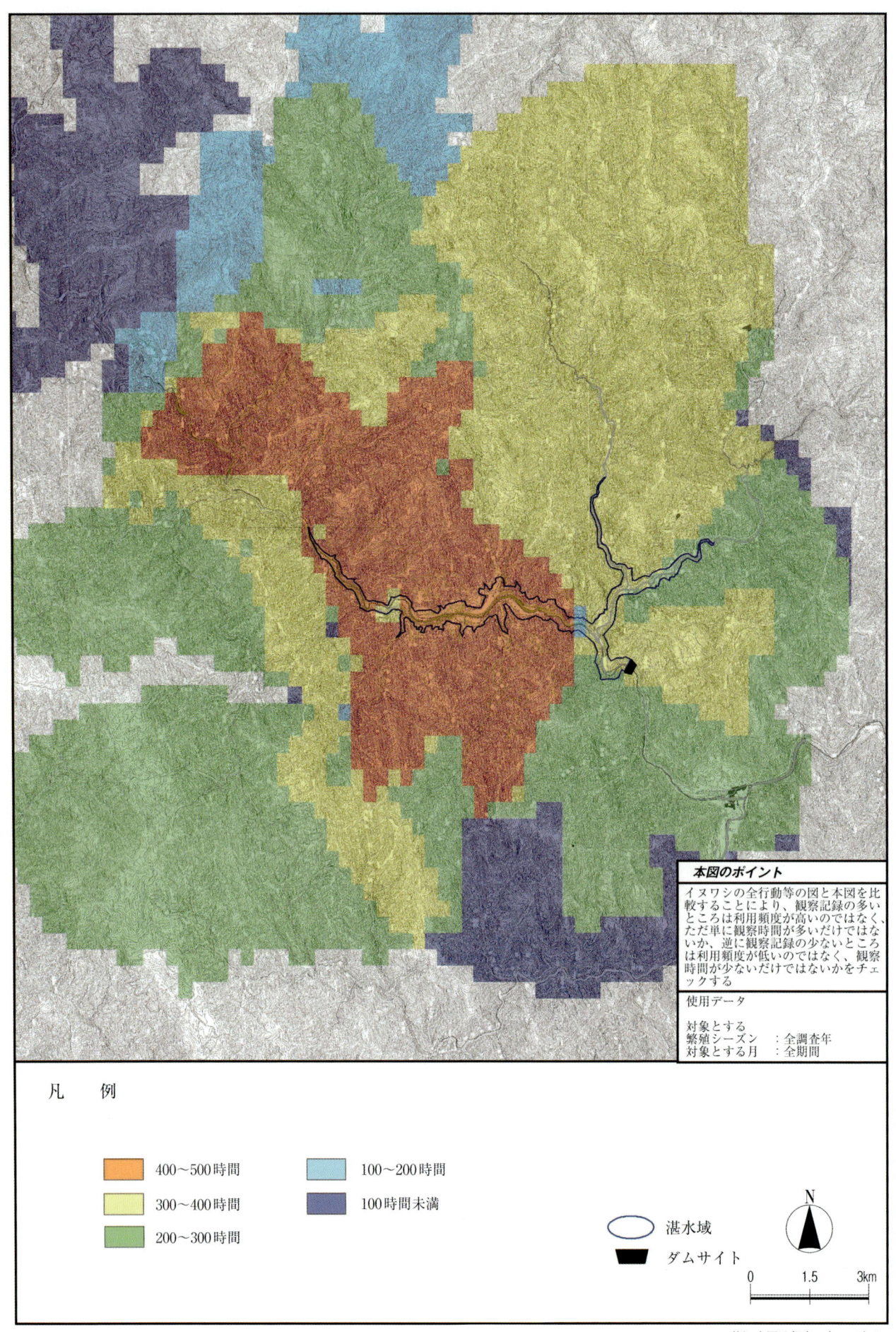

1 工事前のダムにおける調査方法

凡 例

- 400～500時間
- 300～400時間
- 200～300時間
- 100～200時間
- 100時間未満

○ 湛水域
■ ダムサイト

本図のポイント

イヌワシの全行動等の図と本図を比較することにより、観察記録の多いところは利用頻度が高いのではなく、ただ単に観察時間が多いだけではないか、逆に観察記録の少ないところは利用頻度が低いのではなく、観察時間が少ないだけではないかをチェックする

使用データ
対象とする
繁殖シーズン ：全調査年
対象とする月 ：全期間

図－32　累積観察時間図（全期間）

注）本図は架空のものである

1.5 行動圏の内部構造の解析

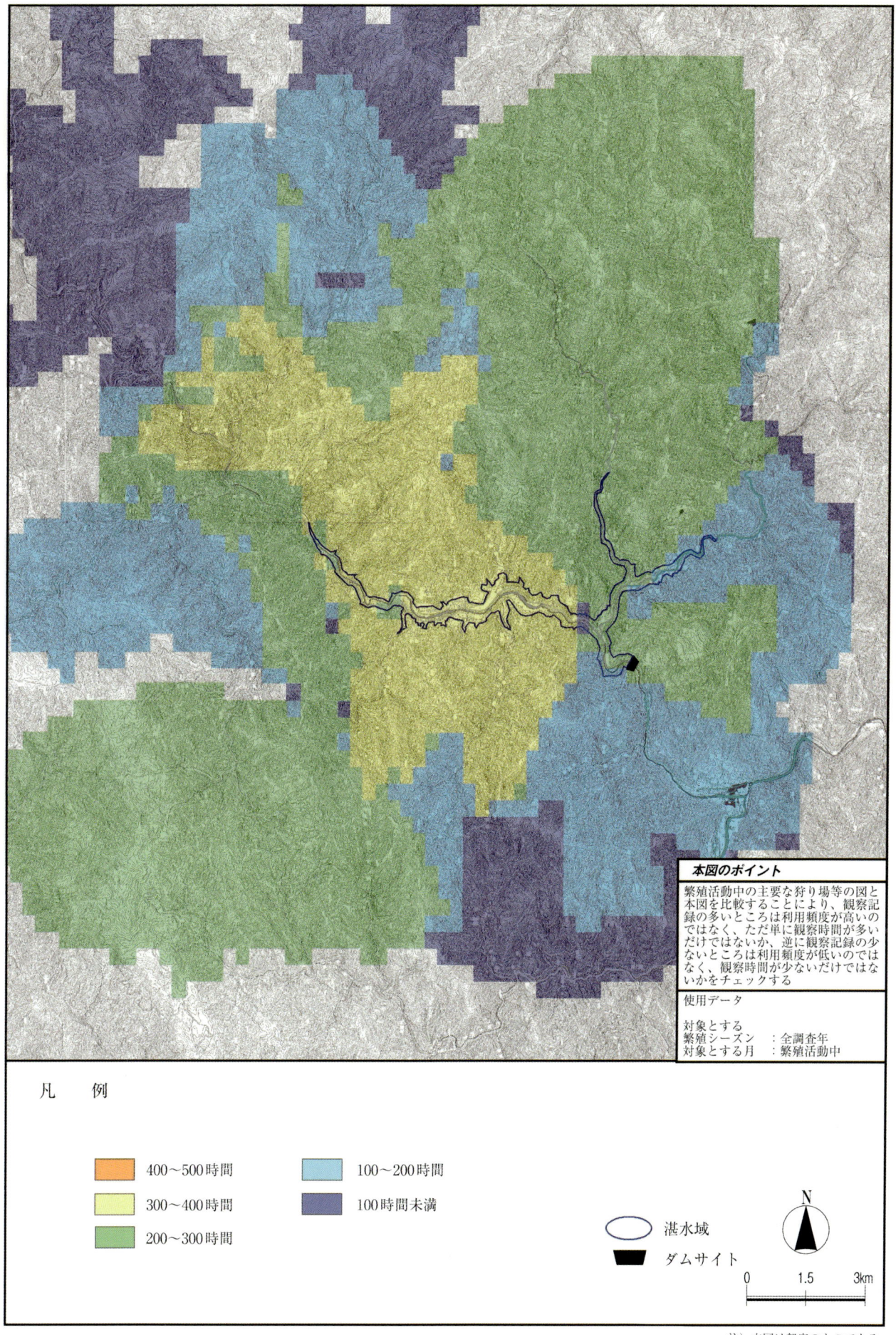

本図のポイント

繁殖活動中の主要な狩り場等の図と本図を比較することにより、観察記録の多いところは利用頻度が高いのではなく、ただ単に観察時間が多いだけではないか、逆に観察記録の少ないところは利用頻度が低いのではなく、観察時間が少ないだけではないかをチェックする

使用データ	
対象とする繁殖シーズン	：全調査年
対象とする月	：繁殖活動中

凡　例

- ■ 400～500時間
- ■ 300～400時間
- ■ 200～300時間
- ■ 100～200時間
- ■ 100時間未満
- ◯ 湛水域
- ■ ダムサイト

0　1.5　3km

図－33　累積観察時間図（繁殖活動中）

注）本図は架空のものである

69

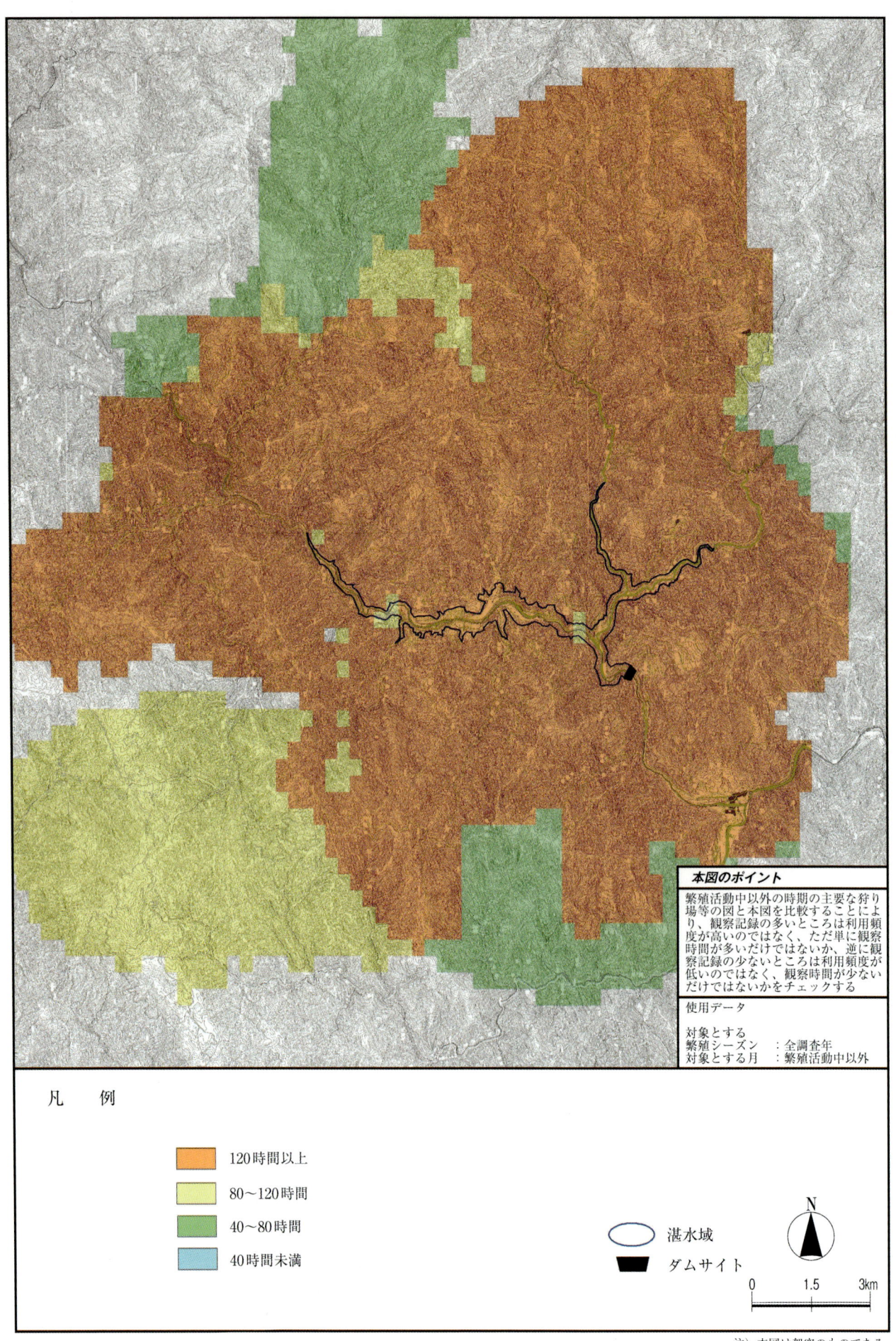

1 工事前のダムにおける調査方法

本図のポイント
繁殖活動中以外の時期の主要な狩り場等の図と本図を比較することにより、観察記録の多いところは利用頻度が高いのではなく、ただ単に観察時間が多いだけではないか、逆に観察記録の少ないところは利用頻度が低いのではなく、観察時間が少ないだけではないかをチェックする

使用データ
対象とする
繁殖シーズン ：全調査年
対象とする月 ：繁殖活動中以外

凡 例
- 120時間以上
- 80～120時間
- 40～80時間
- 40時間未満

○ 湛水域
■ ダムサイト

図-34 累積観察時間図（繁殖活動中以外の時期）

注）本図は架空のものである

1.5 行動圏の内部構造の解析

本図のポイント
・営巣地を推定する場合の参考資料 ・幼鳥の分布状況を基に、営巣地を推定する

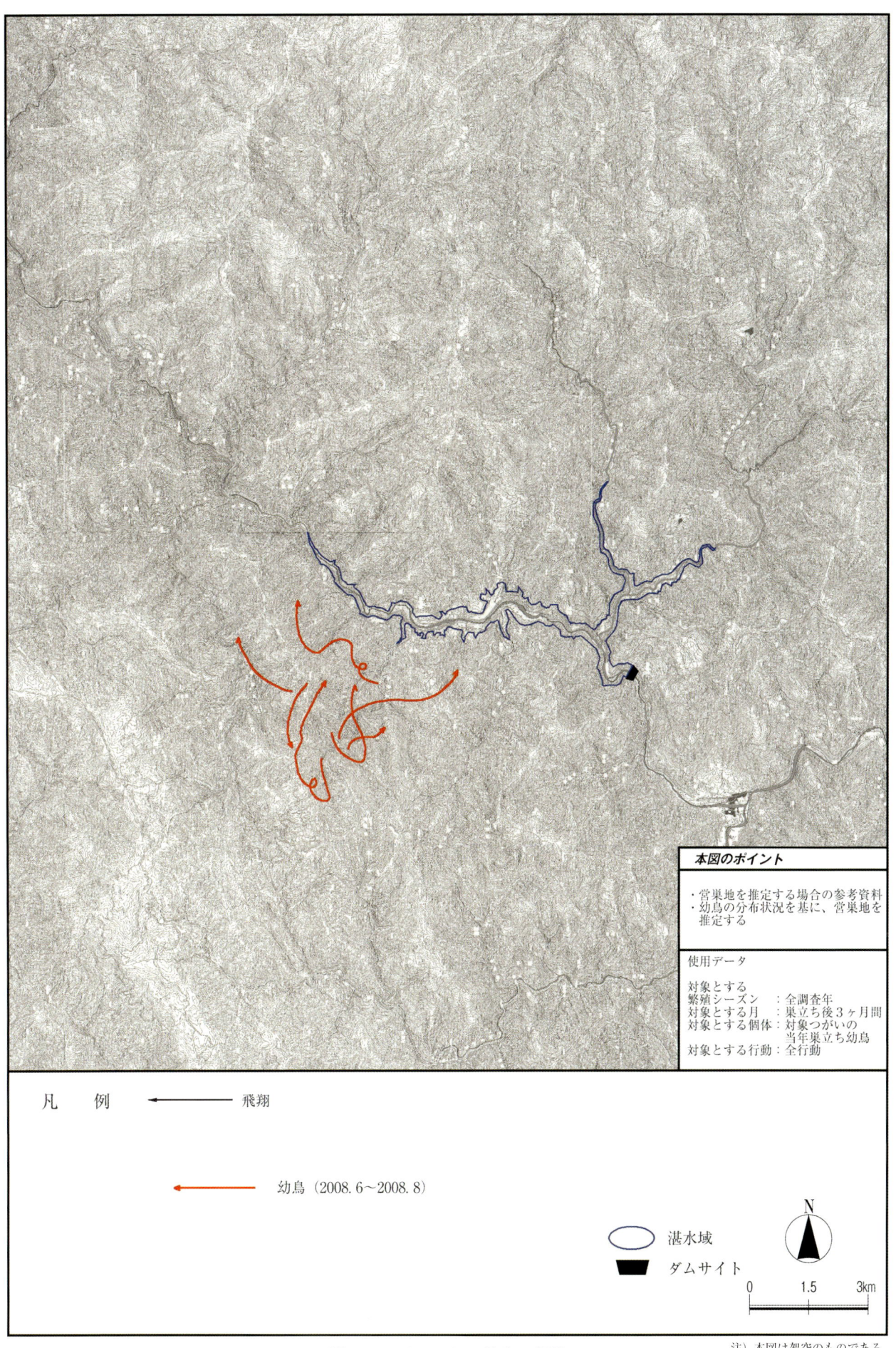

使用データ	
対象とする 繁殖シーズン	：全調査年
対象とする月	：巣立ち後3ヶ月間
対象とする個体	：対象つがいの 当年巣立ち幼鳥
対象とする行動	：全行動

凡　例　　←――――　飛翔

←――――　幼鳥（2008.6～2008.8）

○　湛水域
■　ダムサイト

図－35　イヌワシの幼鳥の行動

注）本図は架空のものである

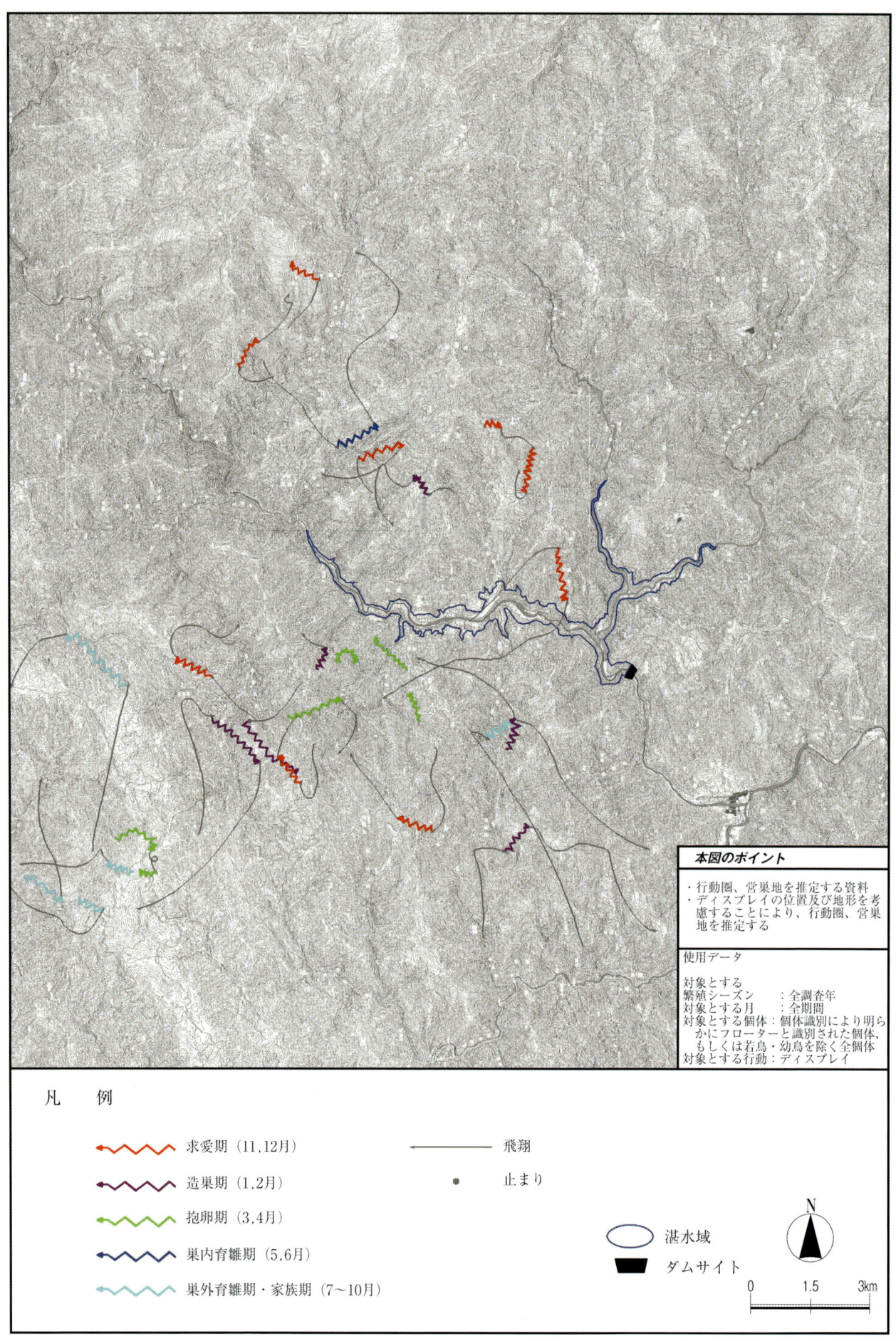

1 工事前のダムにおける調査方法

図−36 イヌワシのディスプレイ(繁殖ステージ別)　注)本図は架空のものである

1.5 行動圏の内部構造の解析

凡 例

〜〜〜 波状ディスプレイ　　　〜〜〜 X型ディスプレイ
〜〜〜 つっかかりディスプレイ　〜〜〜 上下型ディスプレイ
〜〜〜 枝落としディスプレイ
――― 飛翔　　　　　　　　　◯ 湛水域
・ 止まり　　　　　　　　　■ ダムサイト

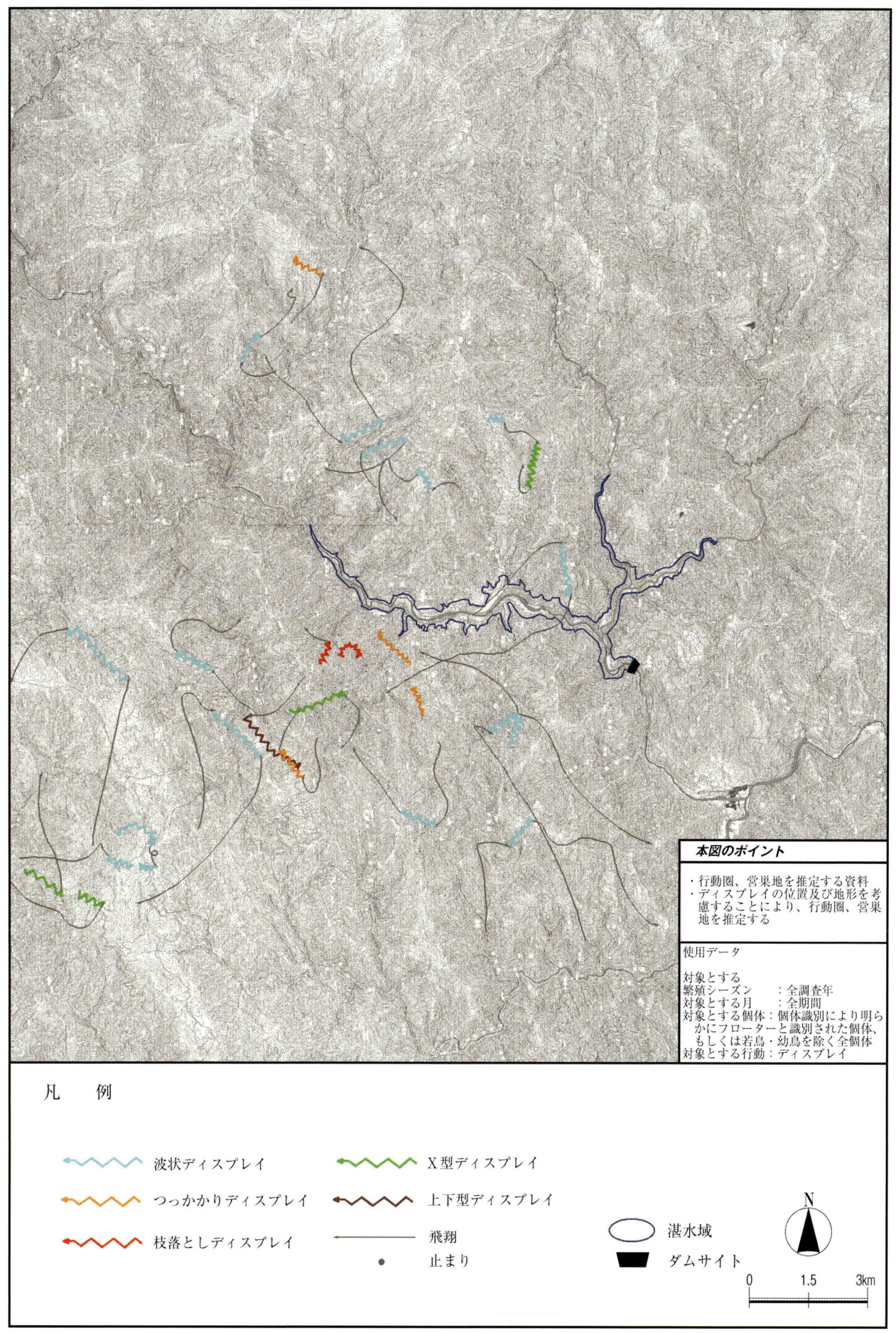

0　1.5　3km

本図のポイント
・行動圏、営巣地を推定する資料
・ディスプレイの位置及び地形を考慮することにより、行動圏、営巣地を推定する

使用データ
対象とする
繁殖シーズン　：全調査年
対象とする月　：全期間
対象とする個体：個体識別により明らかにフローターと識別された個体、もしくは若鳥・幼鳥を除く全個体
対象とする行動：ディスプレイ

図－37　イヌワシのディスプレイ（種類別）

注）本図は架空のものである

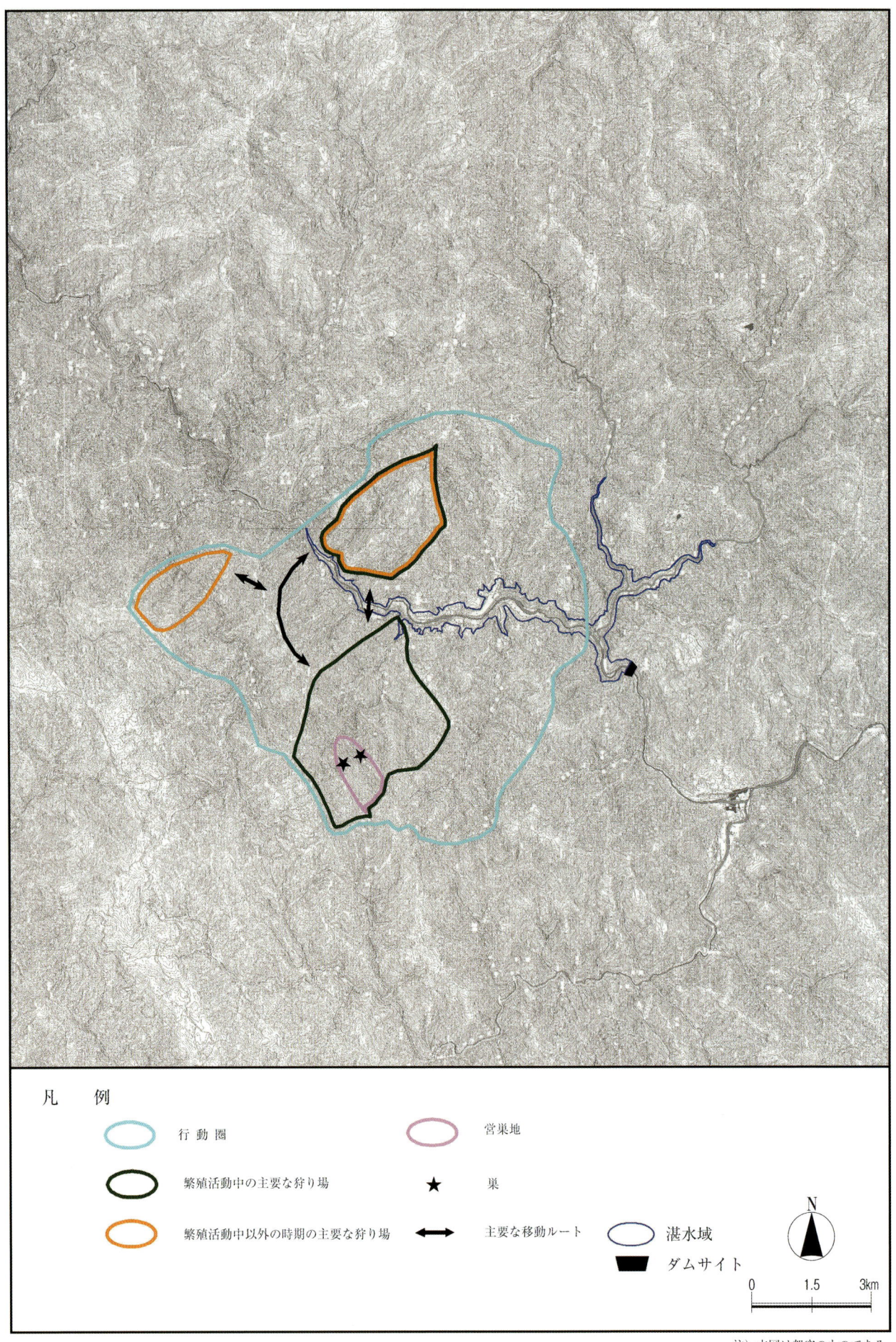

1 工事前のダムにおける調査方法

凡　例			
行動圏		営巣地	
繁殖活動中の主要な狩り場		★　巣	
繁殖活動中以外の時期の主要な狩り場		←→ 主要な移動ルート	湛水域
			ダムサイト

0　1.5　3km

図－38(1)　イヌワシの行動圏の内部構造(推定例)

注）本図は架空のものである

1.5 行動圏の内部構造の解析

本図のポイント
・本図は全体的なイメージを見るために、全行動と内部構造を重ね合わせた参考図である。

| 凡　例 | ←――― 飛翔 | ● 止まり | ∿∿∿ ディスプレイ |

色	記号	凡例		
■青	●つがい	■緑 若鳥・フローター	○橙 繁殖活動中以外の時期の主要な狩り場	
■藤	◎つがい	■黒 その他の個体	○桃 営巣地	
■赤	▲つがい	○水 行　動　圏	★ 巣	○紺 湛水域
■橙	■つがい	○緑 繁殖活動中の主要な狩り場	←→ 主要な移動ルート	■ ダムサイト
■青緑	◆つがい			

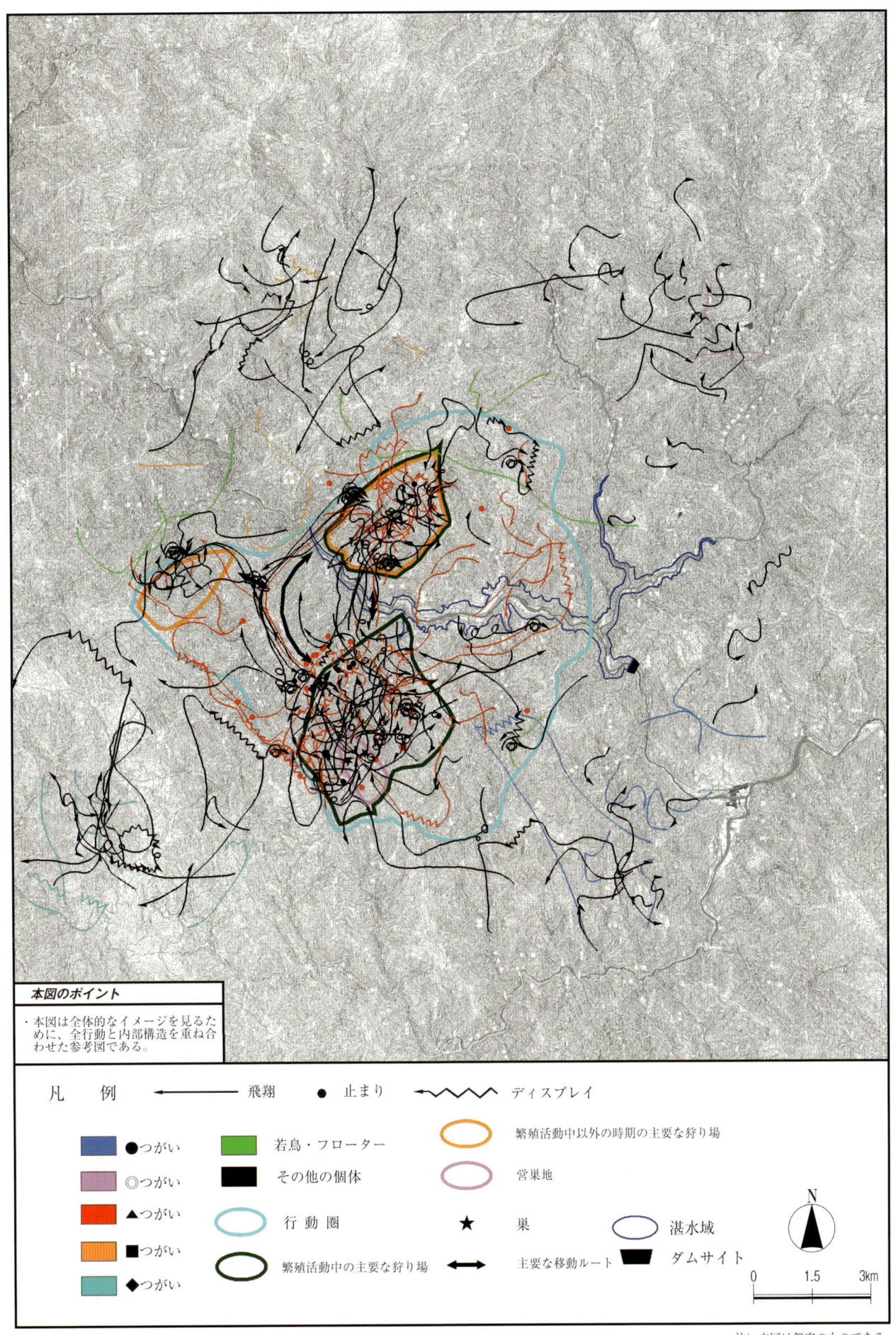

0　1.5　3km

図－38(2)　イヌワシの行動圏の内部構造（全行動を重ね合わせたもの）

注）本図は架空のものである

1 工事前のダムにおける調査方法

【クマタカ】

クマタカの行動圏の内部構造の推定方法を表-12に、その際に利用する図面を図-39～図-48に示す。推定された内部構造を図-49に示す。

ここで示したモデルでは、9つがいが確認されたことになるが、内部構造の推定については、そのなかから1つがいをモデルケースとして解析の例を示した。

表-12 クマタカの行動圏の内部構造の推定方法

内部構造	内部構造の推定方法		参照図面
	概　　要	推定方法のポイント	
コアエリア	① 目視調査による1年間の確認記録の多くが存在する範囲 ＊特に繁殖期の行動記録のほとんどはこの範囲に含まれる ＊全記録の平均値以上から導き出した単なる高頻度利用域ではなく、定期的によく出現・行動する範囲 ② 巣の周辺の概ね約7～8km^2 ＊外縁部の特定は困難であるので、尾根や谷などの地形を考慮して外周部を推定する。 ③ 移動飛行ルート先のハンティングエリアとしての植生を含む ＊コアエリア外側の近接地の飛び地的な狩り場も含める	① 図-39(1)を基に、個体識別によるデータから、各つがいの分布状況の概要を把握する。 ② 次に図-39(2)を基に、隣のつがいとの位置関係を考慮しつつ、主尾根を基準におおよその行動範囲を引く。この場合、境界には対象つがいもしくは隣接つがいのディスプレイが見られることが多いので図-47及び図-48を参照するとよい。コアエリアの境界で見られるディスプレイとしてはV字ディスプレイ、波状ディスプレイが多く、これらのディスプレイは求愛期から抱卵初期にかけて多く見られる。 ③ 最後に、このおおよその行動範囲内のうち、相対的に利用頻度の高い範囲を取り囲むような尾根等で境界のラインを引き直す。この際、「巣の周辺の概ね約7～8km^2」と推定された例もあることを考慮すると良い。 ④ 必要に応じて植生を考慮する。 ⑤ 図-43及び図-45を参照し、観察時間は十分か、データが少ない部分は利用されていないのではなく、観察しづらい区域なのではないか、といったことを十分検討することが重要である。 (注) 相対的に利用頻度が高い範囲とは、単純な利用頻度の計算値から導き出した範囲ではなく、利用形態を考慮し、定期的によく出現する範囲とする。	図-39(1) 図-39(2) 図-47 図-48 図-43 図-45
繁殖テリトリー	① 繁殖期のうち、11月～3月の雌の行動範囲(雌の方が目立つため) ＊産卵に至らない年は1月からのデータ ② 繁殖活動に関係する指標行動の行われた場所 ＊概ね営巣地を含む約3km^{2}だが、尾根や主たる谷を考慮に入れて範囲を特定しなければならない ＊場所によっては幼鳥の行動範囲と重ならない部分もありうる	① 図-40及び図-41を基に、雌の行動範囲及び指標行動の位置に、尾根等の地形を考慮し繁殖テリトリーの位置を推定する。このとき、目視調査では雌のみのデータでは十分な数のデータが得られない場合も多いため、必要に応じて雄等のデータも考慮する。 ② 繁殖テリトリーを推定する際には、尾根等の地形のほか面積及び巣からの距離を参考とすると良い。面積については概ね営巣地を含む約3km^{2}をひとつの目安とすると良い。また、巣からの距離についてはクマタカは巣に卵や雛がいる時期は、巣から1.5km以上離れた区域を利用することは少ないとされる。そこでラインを特定する際には、このことも十分考慮し、データが十分に得られている場合には、この距離を考慮して、無理に地形で境界を定めない方が良いこともある。 ③ また、繁殖テリトリーの境界では対象つがいもしくは隣接つがいのディスプレイが見られることが多いので図-47及び図-48を参照すると良い。繁殖テリトリーの境界で見られるディスプレイとしてはV字ディスプレイ、波状ディスプレイが多く、これらのディスプレイは求愛期から抱卵初期にかけて多く見られる。 ④ 必要に応じて植生を考慮する。 ⑤ 図-44及び図-46を参照し、観察時間は十分か、データが少ない部分は利用されていないのではなく、観察しづらい区域なのではないか、といったことを十分検討することが重要である。	図-40 図-41 図-47 図-48 図-44 図-46
幼鳥(巣立ち雛)の行動範囲	巣立ち後の幼鳥の行動範囲(巣立ち後～翌年2月) ＊営巣木周辺に存在するが地形等により、正円ではなく、外縁は概ね巣から500m～1kmの範囲	① 図-42を基に、幼鳥の分布位置を含む、尾根等の地形を境界に幼鳥の行動範囲を推定する。 ② 図-43及び図-45を参照し、観察時間は十分か、データが少ない場合は利用されていないのではなく、観察しづらい区域なのではないか、といったことを十分検討することが重要である。	図-42 図-43 図-45

(注)「内部構造の推定方法」の概要の欄は、「クマタカ・その保護管理の考え方」(クマタカ生態研究グループ、2000)に従った。

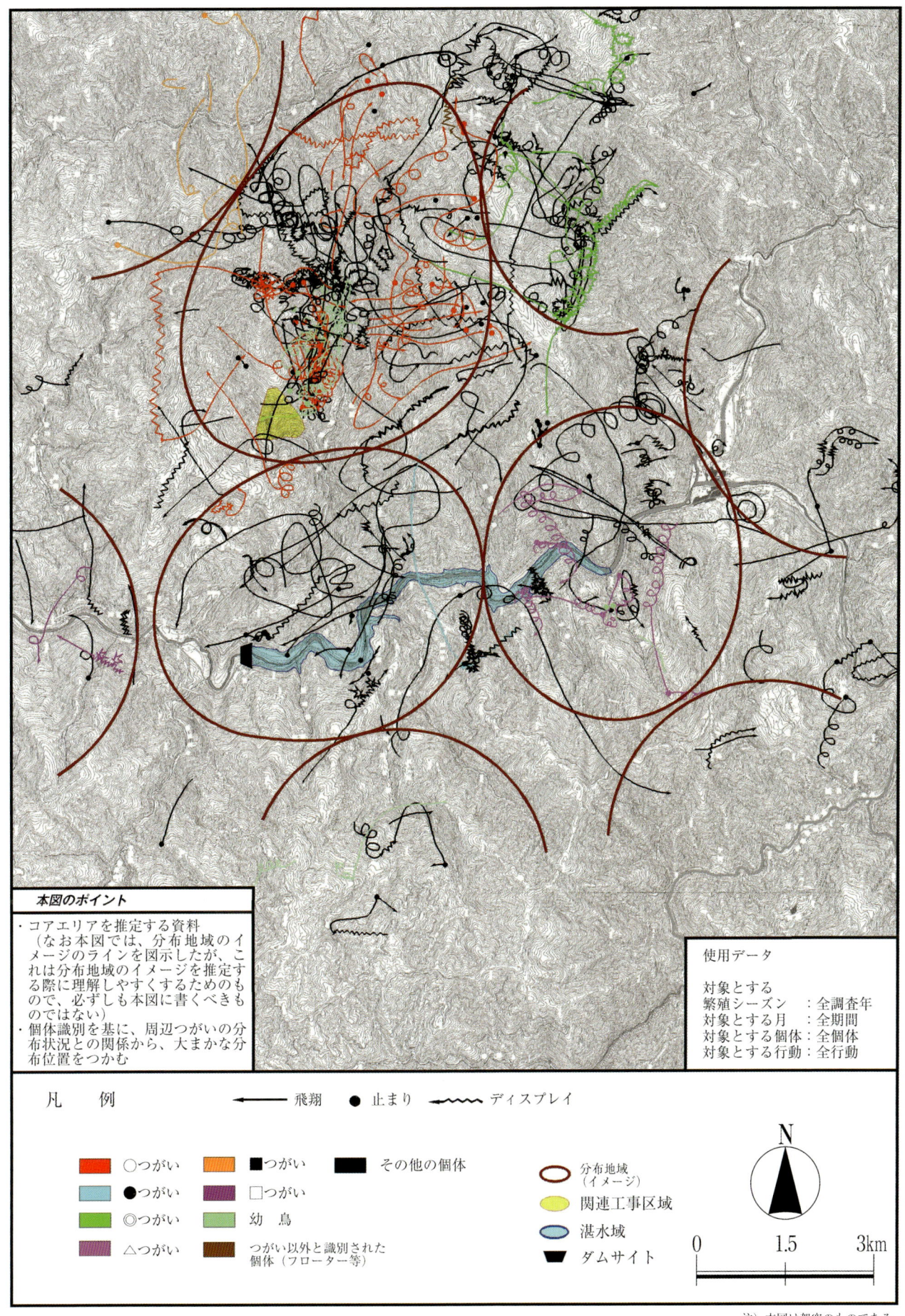

図−39(1) クマタカの全行動(全域図)

1 工事前のダムにおける調査方法

図−39(2) クマタカの全行動(拡大図)

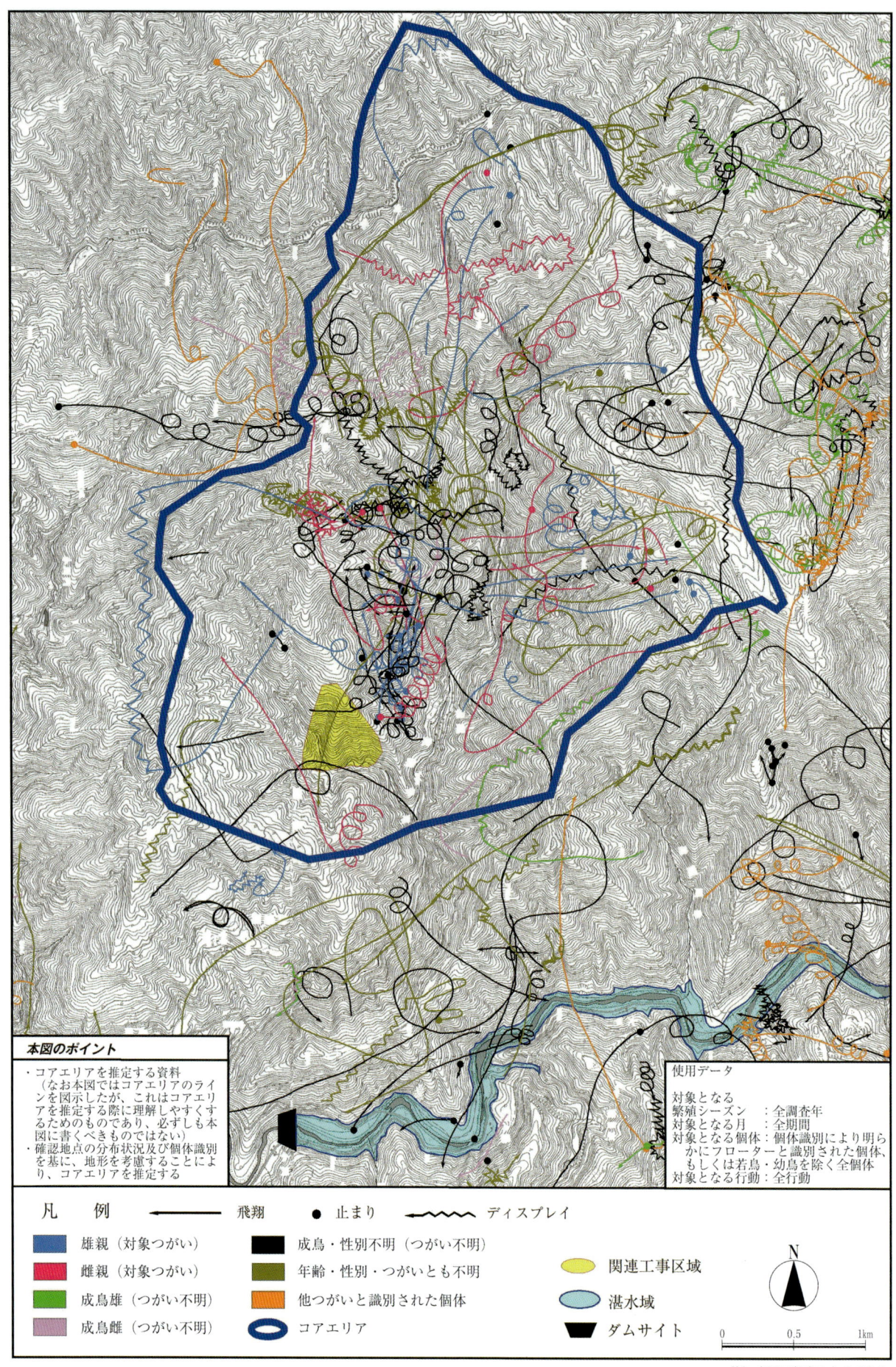

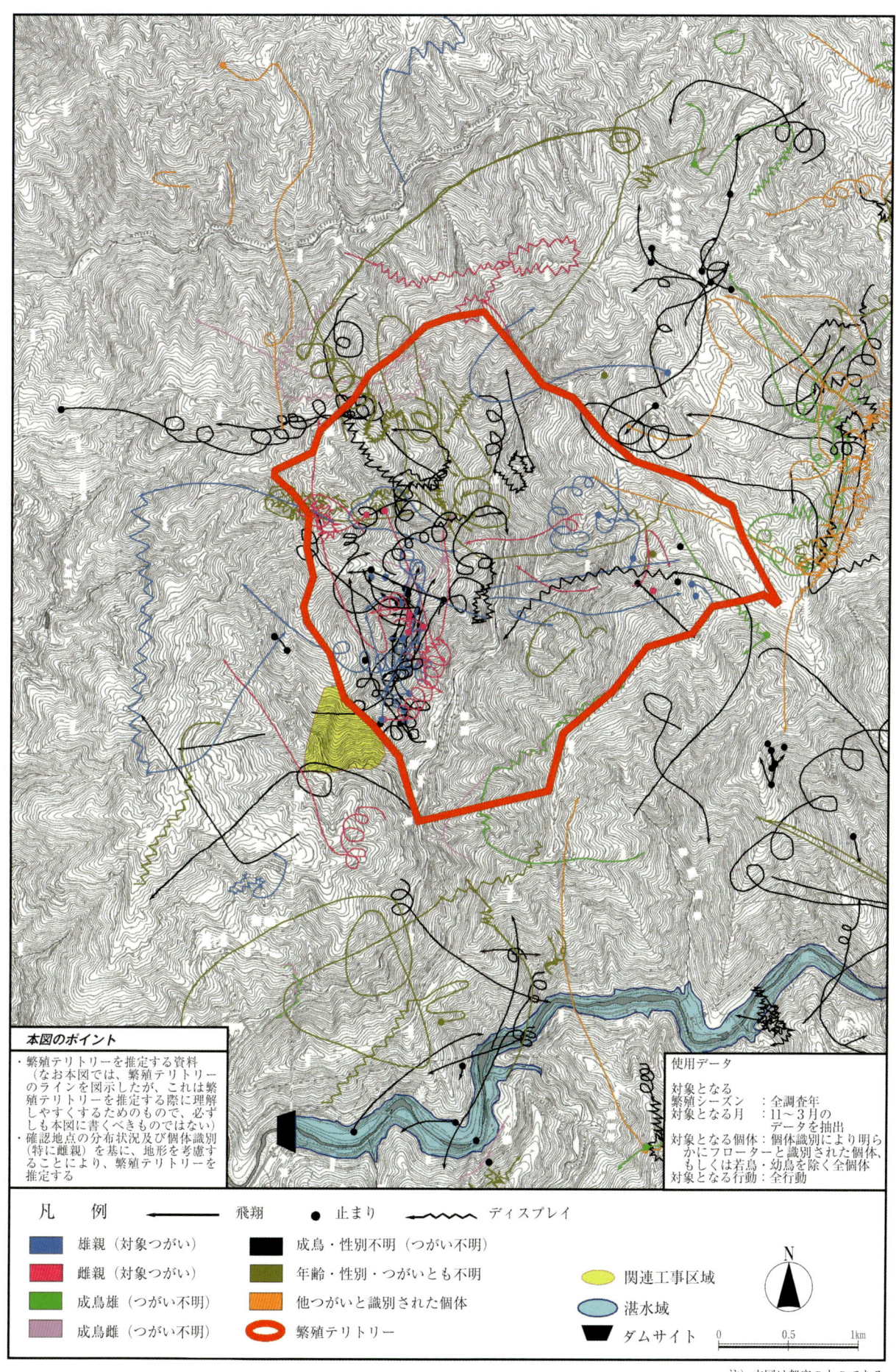

図-40 クマタカの11〜3月の行動

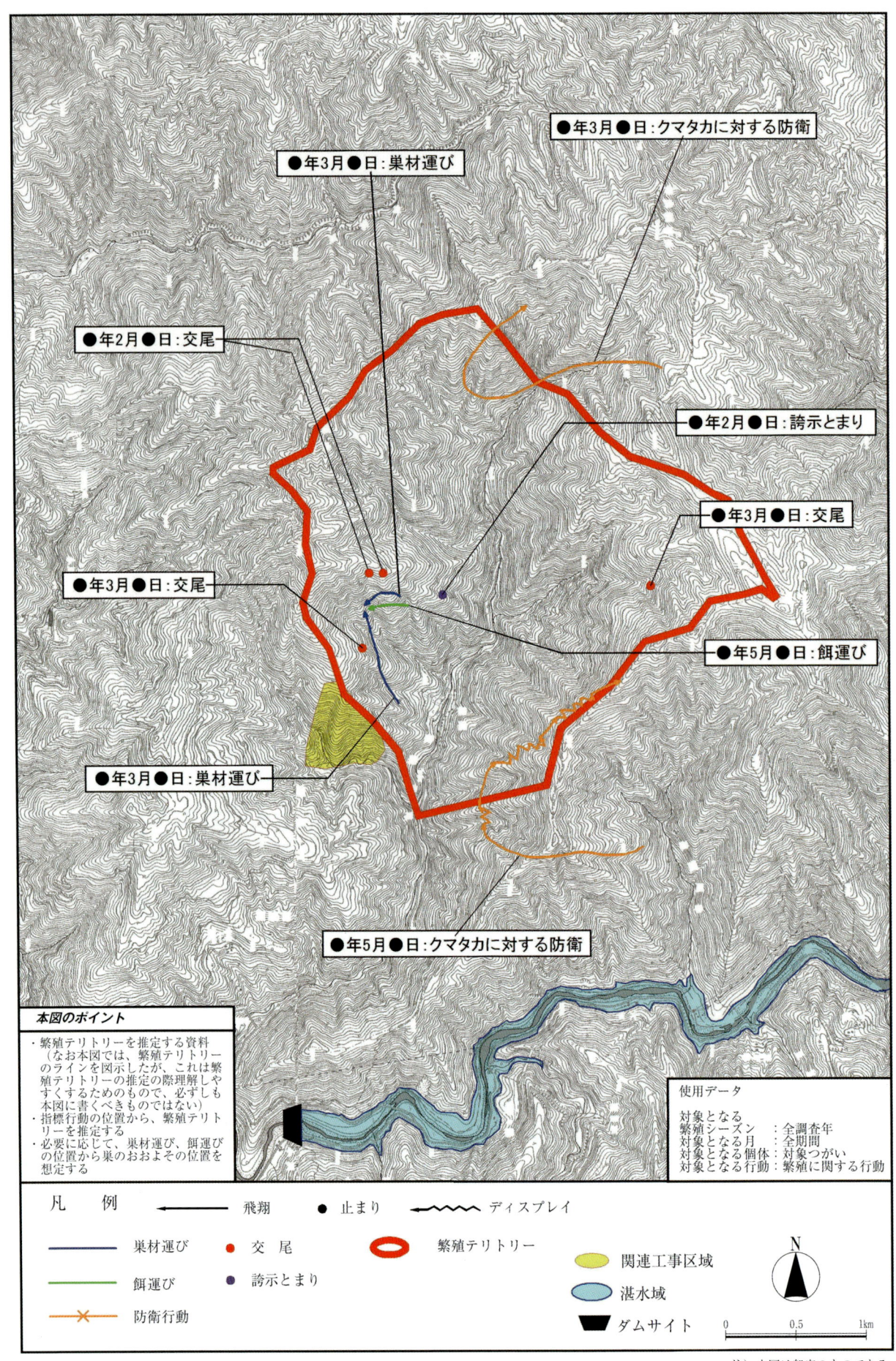

1　工事前のダムにおける調査方法

図―41　クマタカの繁殖に関わる行動

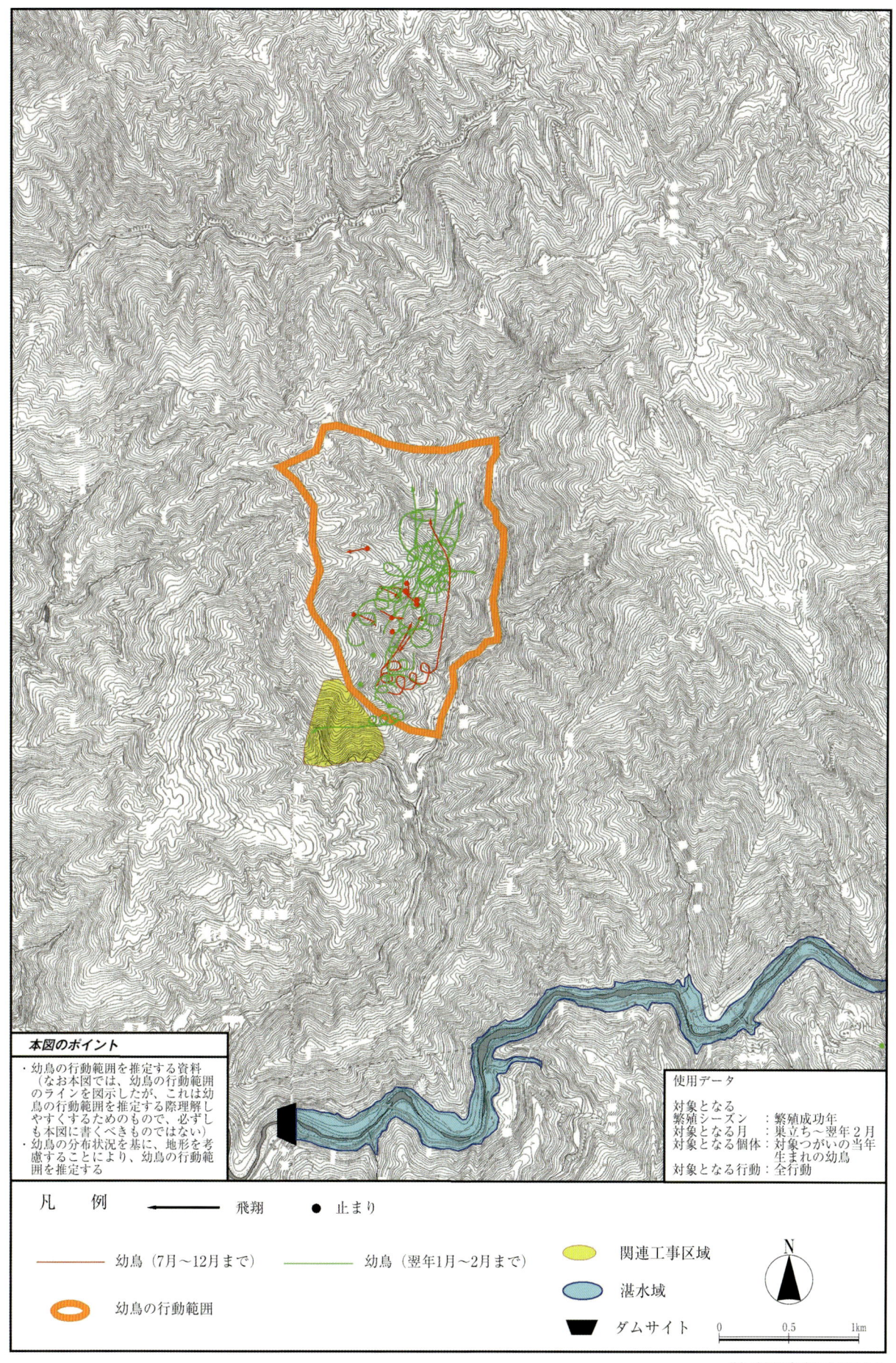

図−42 クマタカの幼鳥の行動

1 工事前のダムにおける調査方法

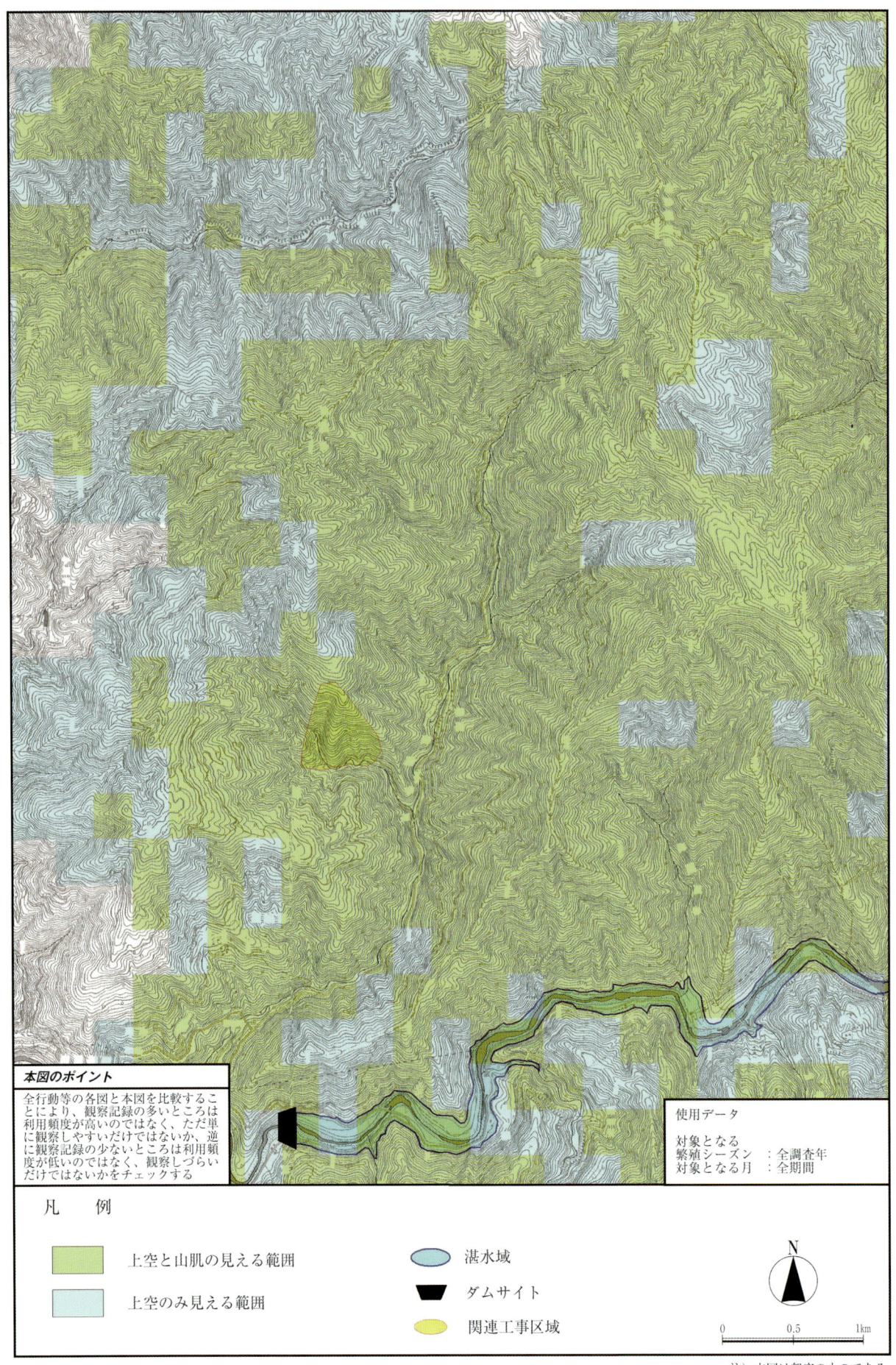

本図のポイント

全行動等の各図と本図を比較することにより、観察記録の多いところは利用頻度が高いのではなく、ただ単に観察しやすいだけではないか、逆に観察記録の少ないところは利用頻度が低いのではなく、観察しづらいだけではないかをチェックする

使用データ
対象となる
繁殖シーズン：全調査年
対象となる月：全期間

凡 例

- 上空と山肌の見える範囲
- 上空のみ見える範囲
- 湛水域
- ダムサイト
- 関連工事区域

注）本図は架空のものである

図—43　クマタカの視野図（全期間）

1.5 行動圏の内部構造の解析

図－44 クマタカの視野図（11～3月）

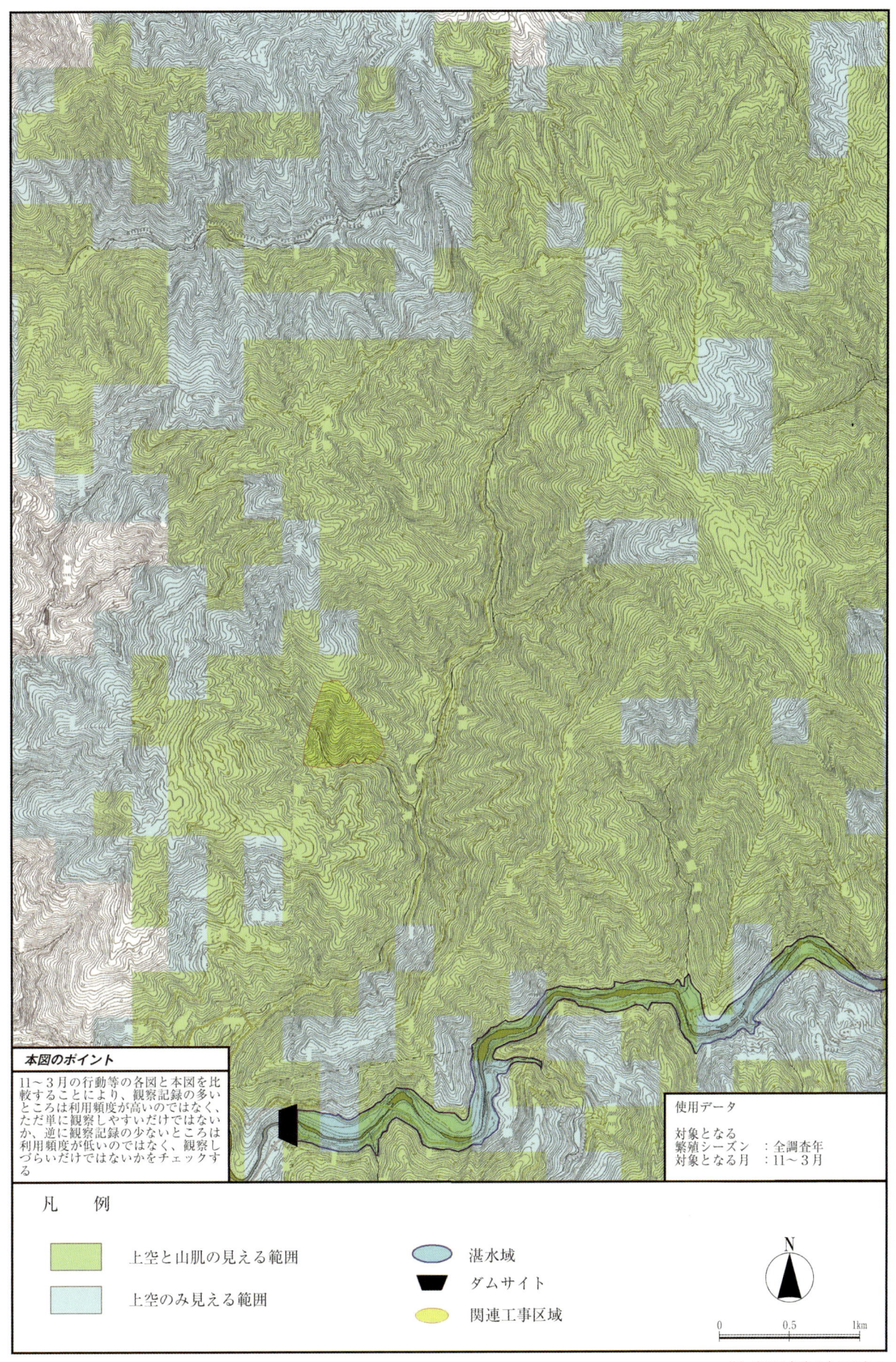

1 工事前のダムにおける調査方法

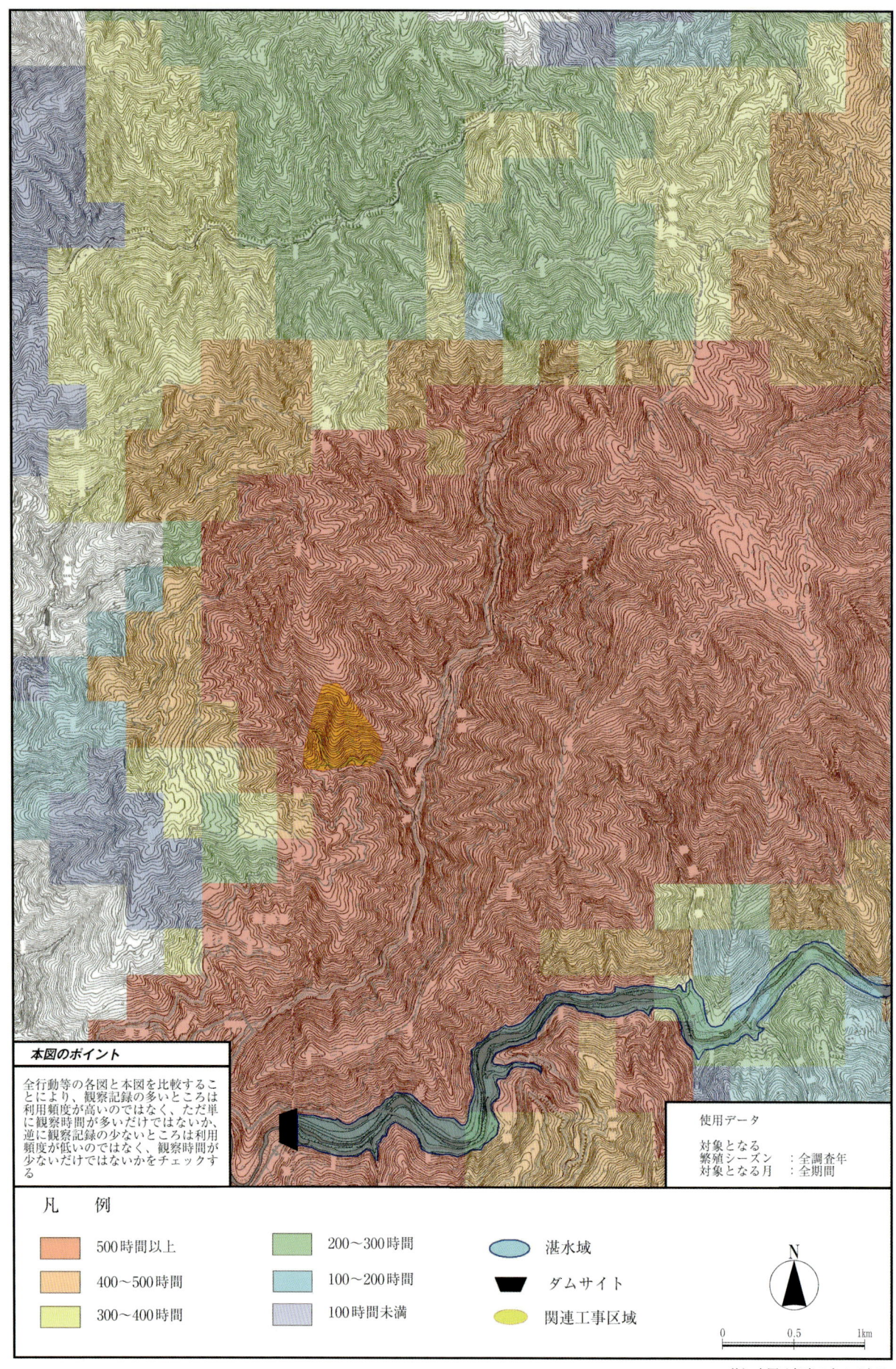

本図のポイント

全行動等の各図と本図を比較することにより、観察記録の多いところは利用頻度が高いのではなく、ただ単に観察時間が多いだけではないか、逆に観察記録の少ないところは利用頻度が低いのではなく、観察時間が少ないだけではないかをチェックする

使用データ
対象となる
繁殖シーズン　：全調査年
対象となる月　：全期間

凡例

- 500時間以上
- 400〜500時間
- 300〜400時間
- 200〜300時間
- 100〜200時間
- 100時間未満
- 湛水域
- ダムサイト
- 関連工事区域

注）本図は架空のものである

図－45　クマタカの観察時間（年間）

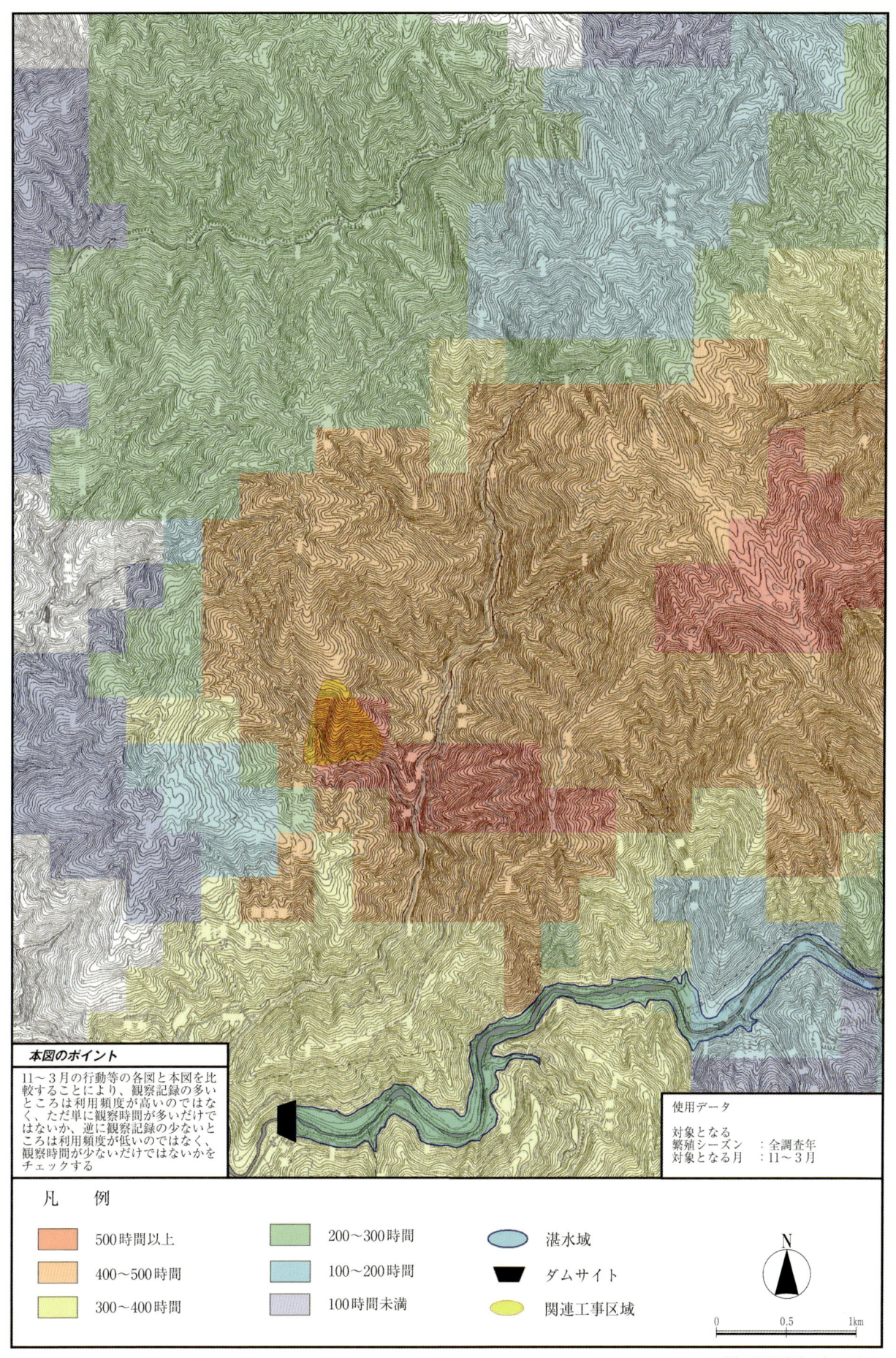

1.5 行動圏の内部構造の解析

本図のポイント

11～3月の行動等の各図と本図を比較することにより、観察記録の多いところは利用頻度が高いのではなく、ただ単に観察時間が多いだけではないか、逆に観察記録の少ないところは利用頻度が低いのではなく、観察時間が少ないだけではないかをチェックする

使用データ
対象となる
繁殖シーズン ：全調査年
対象となる月 ：11～3月

凡　例

- 500時間以上
- 400～500時間
- 300～400時間
- 200～300時間
- 100～200時間
- 100時間未満
- 湛水域
- ダムサイト
- 関連工事区域

注）本図は架空のものである

図-46　クマタカの観察時間(11～3月)

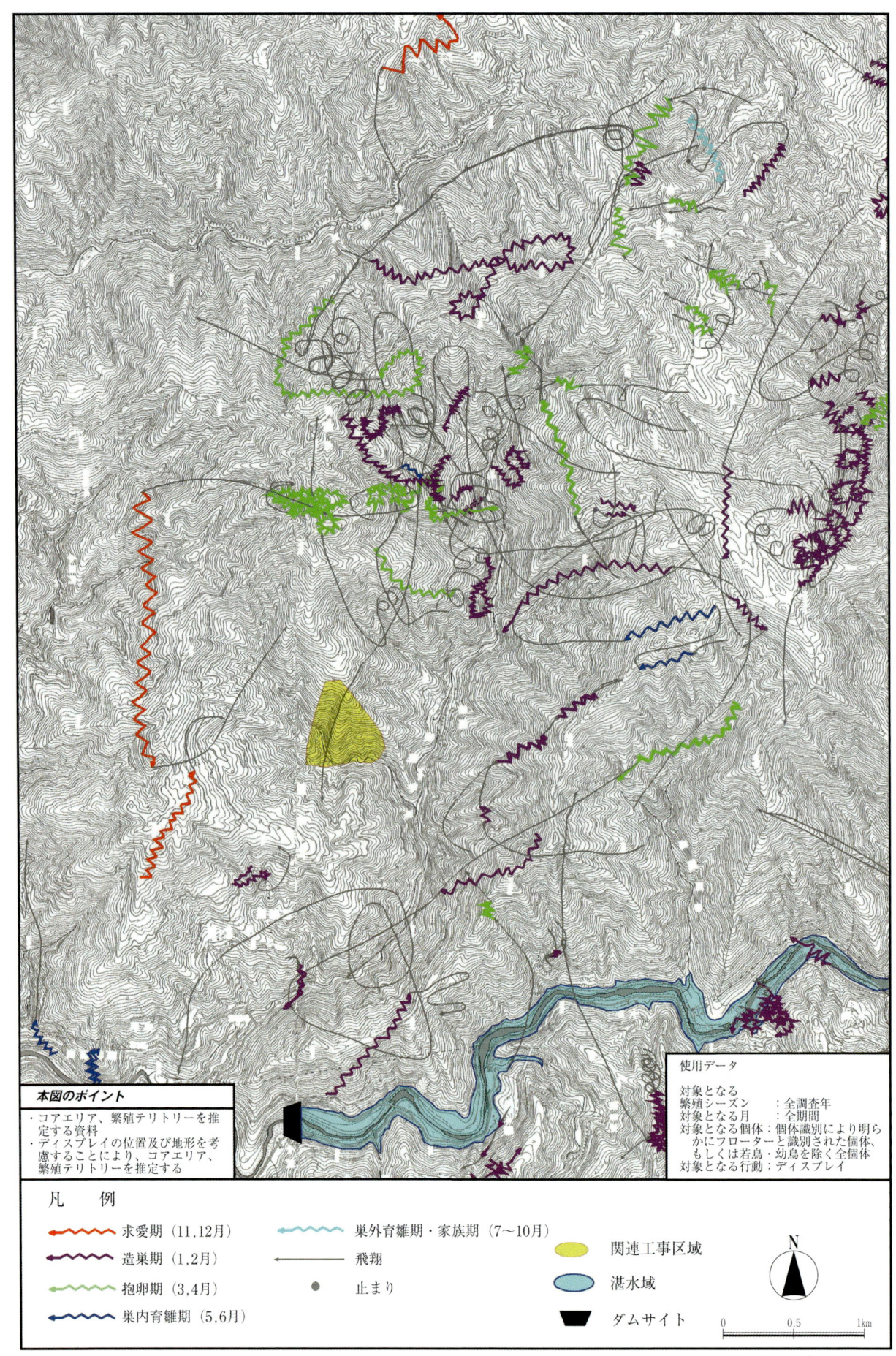

1 工事前のダムにおける調査方法

図−47 クマタカのディスプレイ（繁殖ステージ別）

1.5 行動圏の内部構造の解析

図−48 クマタカのディスプレイ(種類別)

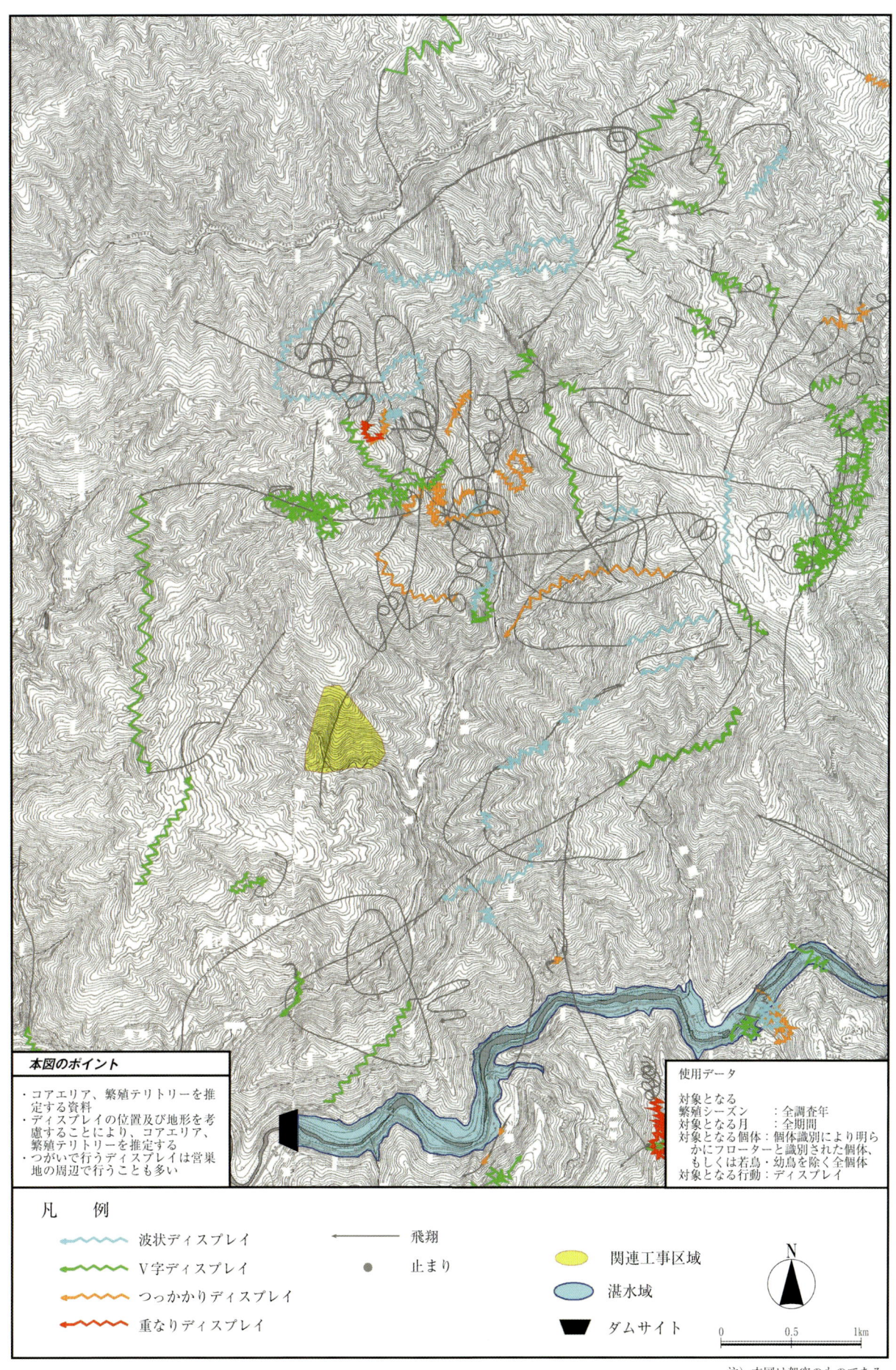

1 工事前のダムにおける調査方法

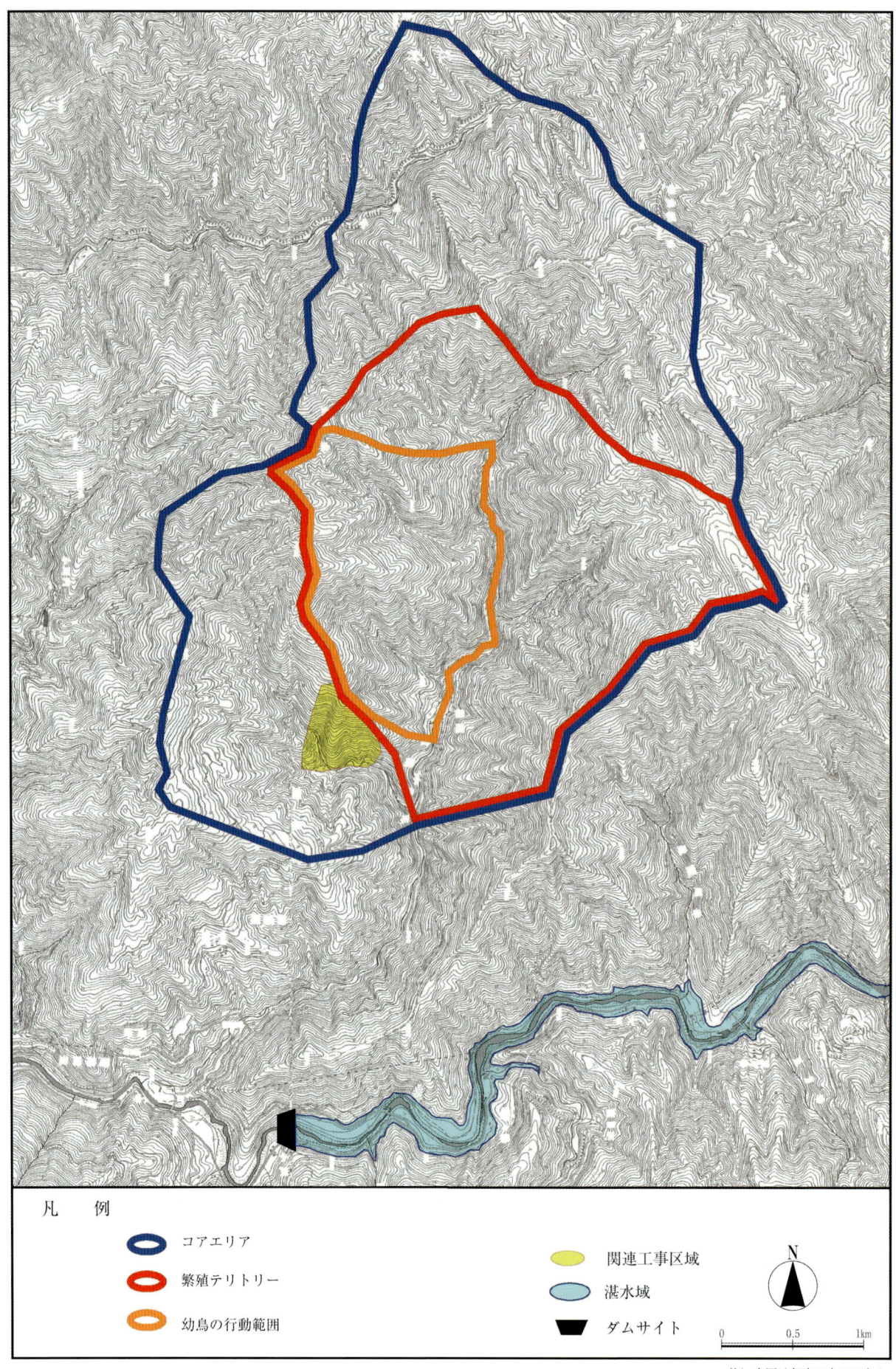

凡 例
- コアエリア
- 繁殖テリトリー
- 幼鳥の行動範囲
- 関連工事区域
- 湛水域
- ダムサイト

注）本図は架空のものである

図-49(1) クマタカの内部構造（推定例）

1.5 行動圏の内部構造の解析

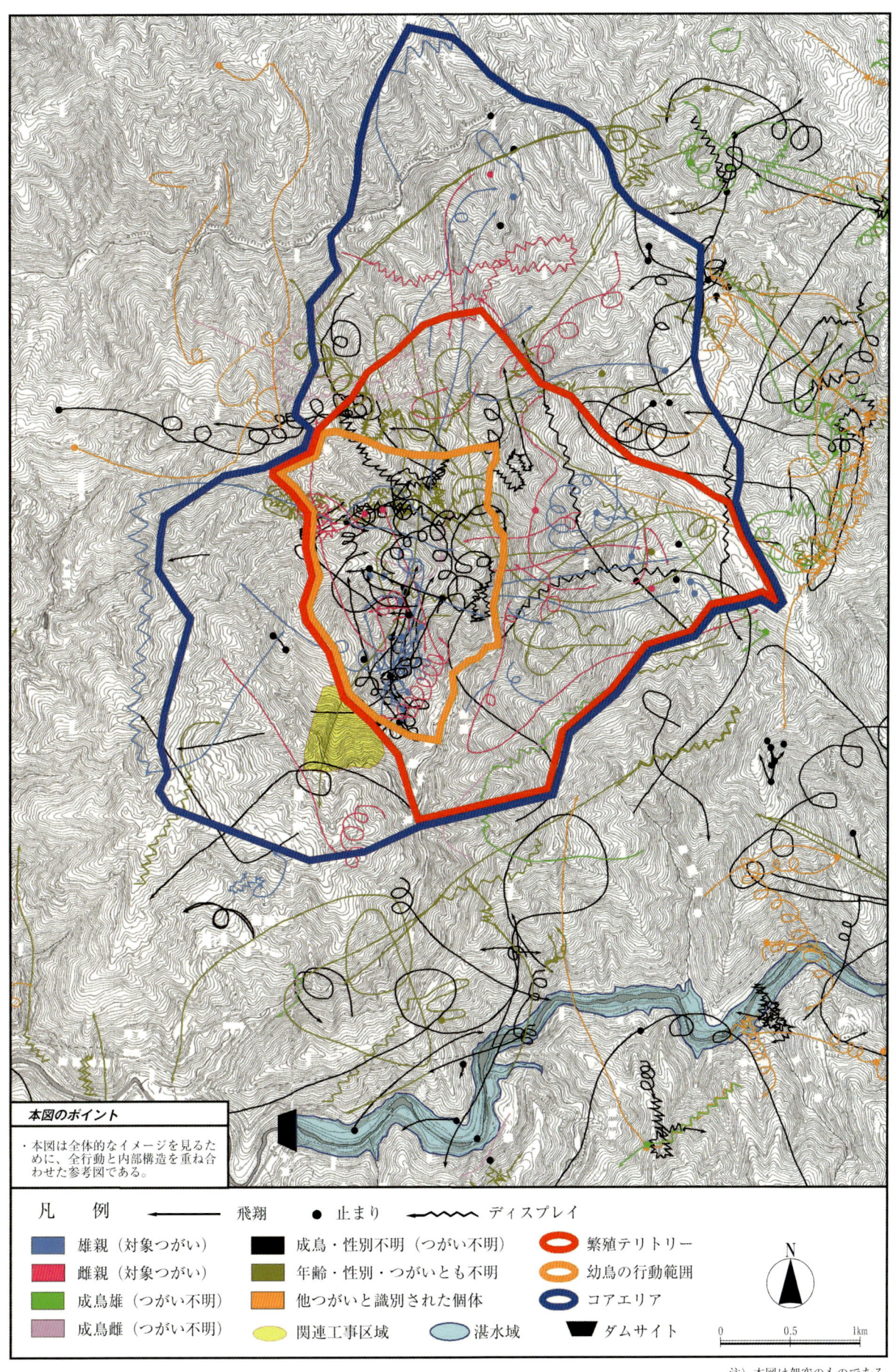

本図のポイント
・本図は全体的なイメージを見るために、全行動と内部構造を重ね合わせた参考図である。

凡　例	![arrow] 飛翔	● 止まり	～ ディスプレイ
雄親（対象つがい）	成鳥・性別不明（つがい不明）	繁殖テリトリー	
雌親（対象つがい）	年齢・性別・つがいとも不明	幼鳥の行動範囲	
成鳥雄（つがい不明）	他つがいと識別された個体	コアエリア	
成鳥雌（つがい不明）	関連工事区域	湛水域	ダムサイト

0　0.5　1km

注）本図は架空のものである

図-49(2)　クマタカの全行動とその内部構造（拡大図）

1.6 工事前のダムにおける調査のまとめ

工事前のダムにおいて実施する調査内容の概要を、調査時期毎に整理した(表-13)。

表-13 工事前のダムにおける調査の概要

調査時期		行動圏内部構造の調査	
		イヌワシ	クマタカ
求愛期	調査回数	1回以上	1回以上
	主な調査目的	・行動圏 ・繁殖期の狩り場	・コアエリア ・繁殖テリトリー ・狩り場
造巣期	調査回数	1回以上	1回以上
	主な調査目的	・行動圏 ・繁殖期の狩り場 ・営巣地(巣の位置の推定) ・繁殖状況(交尾、造巣行動等)	・コアエリア ・繁殖テリトリー ・狩り場 ・営巣地(巣の位置の推定) ・繁殖状況(交尾、造巣行動等)
抱卵期	調査回数	1回以上	1回以上
	主な調査目的	・行動圏 ・繁殖期の狩り場 ・営巣地(巣の位置) ・繁殖状況(産卵、抱卵)	・コアエリア ・繁殖テリトリー ・狩り場 ・営巣地(巣の位置) ・繁殖状況(産卵、抱卵)
巣内育雛期	調査回数	1回以上	1回以上
	主な調査目的	・行動圏 ・繁殖期の狩り場 ・営巣地(巣の位置) ・繁殖状況(育雛)	・コアエリア ・繁殖テリトリー ・狩り場 ・営巣地(巣の位置) ・繁殖状況(育雛)
巣外育雛期	調査回数	1回以上	1回以上
	主な調査目的	・行動圏 ・繁殖期の狩り場 ・繁殖状況(巣立ち)	・コアエリア ・狩り場 ・繁殖状況(巣立ち)
非繁殖期	調査回数	1回以上	1回以上
	主な調査目的	・行動圏 ・非繁殖期の狩り場	・コアエリア ・狩り場 ・繁殖状況

第 2 部

工事期間中のダムにおける調査方法

第1部では工事前のダムにおける調査方法として、主に概略調査から行動圏の内部構造の解析に至るまでについて解説した。つがいごとの行動圏の内部構造の解析結果は、環境影響の予測・評価を行うための基礎資料となる。

第2部では工事期間中の調査方法について解説する。工事期間中の調査は、環境影響の予測・評価が終了していることが前提であり、工事期間中のイヌワシ・クマタカのデータを収集することにより、影響予測の検証・確認をするとともに、工事の進行に伴い追加・修正すべき環境保全措置が生じていないかを確認するために行う。具体的にはつがいごとに予測されている影響の程度の確認や工事の実施の仕方をつがいの行動を基に決定するための調査など、対象とするつがいとその目的に応じて調査内容が異なってくる。

なお、「工事期間中の調査」とは当該ダム建設事業に関する工事が開始された時点から、当該ダムが竣工するまでの期間を示す。また、行動圏内部構造の調査が終了し、工事が始まるまでの期間についても、繁殖成否の確認程度の調査は実施しておくことが望ましい。

2.1 工事期間中のダムにおける調査の考え方

工事期間中の調査は、事業関連つがい（当該事業による工事区域や湛水区域などが、イヌワシの行動圏内もしくはクマタカのコアエリア内に含まれるつがいをいう）を対象に実施する（図－50）。

工事期間中の調査内容の選定フローを図－51に示す。つがいの区分については、環境影響の予測・評価の結果や専門家の意見聴取を基に選定することとなる。

調査計画は、つがいごと、繁殖シーズンごとに検討する。そのため、ここでいう「工事」とは、当該繁殖シーズン中に行われる工事を指している。

なお、行動圏内部構造の変化が予測されるつがいでは、その結果として繁殖状況が変化することも想定しているため、両方の調査を実施する。

環境保全措置等

工事による影響には、生息環境の地形改変を伴う直接改変による影響と建設機械の稼働に伴う騒音や作業員の出入り等による直接改変以外の影響に分けられる。

【直接改変の影響への対応】

環境保全措置等については、事業計画の変更、工事箇所の位置の変更、道路のトンネル化等がある。

【直接改変以外の影響への対応】

環境保全措置等については、工事の一時中断、コンディショニング、工事関係者の巣周辺地域への立ち入り制限、低騒音・低振動型の施工機械の採用、構造物・施工機械の色彩の変更などがある。コンディショニングとは建設機械を段階的に稼働させたり、工事規模を徐々に拡大することにより、建設作業をクマタカ等に慣れさせることにより影響を低減させる方法である。

上記の環境保全措置等のうちのいくつか（例えば工事の中断、コンディショニング等）については、その年に繁殖に利用する巣の位置やその年に繁殖しようとしているかを把握していないと対応できないものがある。そのため、工事期間中に行う調査では、その年に利用する巣の把握（産卵の確認調査）や繁殖しようとしているかどうかの把握（繁殖状況の調査）が必要となる。

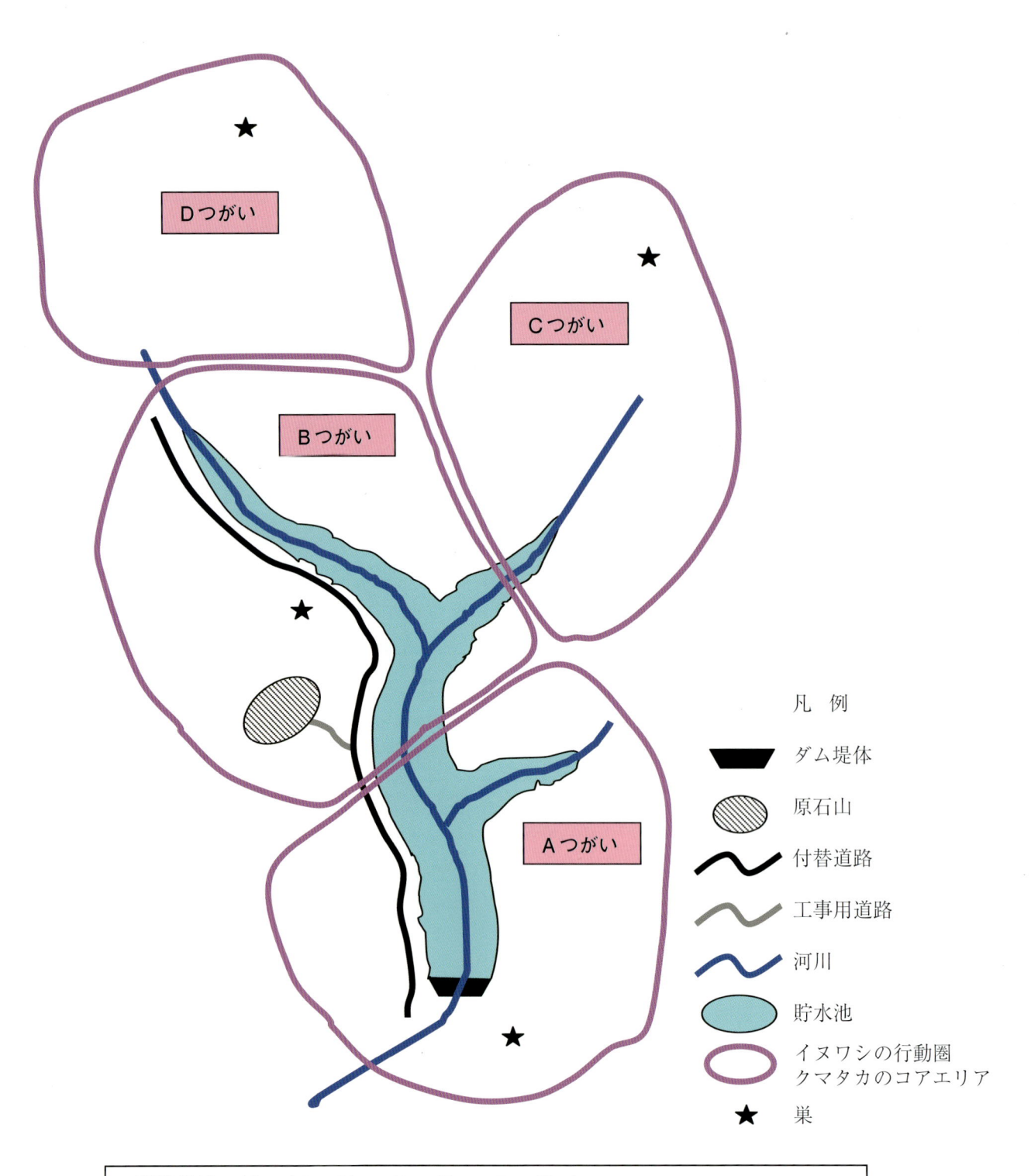

2　工事期間中のダムにおける調査方法

- 事業関連つがい（Aつがい、Bつがい、Cつがい）
    - 事業による影響が予測されるつがい（Aつがい、Bつがい）
        - 「工事工程等の見直し」が不可能なつがい（Aつがい）
        - 「工事工程等の見直し」が可能なつがい（Bつがい）
    - 事業による影響が予測されないつがい（Cつがい）
- 工事関連つがい以外（Dつがい）

事業関連つがいとは、当該事業による工事区域（ダム堤体、原石山、土捨場、付替道路、工事用道路等）や湛水区域などが、イヌワシの行動圏内もしくはクマタカのコアエリア内に含まれるつがいをいう。

図－50　つがいの分布と事業との関係の例

***2.1** 工事期間中のダムにおける調査の考え方*

影響予測の結果等から対象つがいが区分される

緑色の枠内の項目は影響予測の結果や学識経験者の意見を聴取のうえで判断する

```
                        事業関連つがい                                    事業関連つ
                              │                                         がい以外
              ┌───────────────┴───────────────┐                             │
      工事による影響が予測                 工事による影響                      │
         されるつがい                      が予測されない                      │
              │                            つがい                             │
      ┌───────┴───────┐                                                      │
  工事工程等の見直し   工事工程等の見直し                                      │
   が不可能なつがい     が可能なつがい                                         │
       │                     │                                                │
   ┌───┴───┐           ┌─────┴─────┐                                          │
 行動圏の内  繁殖状況に   求愛期から   産卵後に工                                │
 部構造に変  影響が予測   工事工程等   事工程等の                                │
 化が予測さ  されるつが   の見直しで   見直しで対                                │
 れるつがい    い         対応するつ   応するつが                                │
                          がい          い                                     │
                                        注2                                    │
```

各対象つがい毎の調査内容

本書では水色の枠内の調査方法について記載した。

```
  │            │           │            │              │             │
行動圏内部   繁殖状況の   繁殖状況の   繁殖状況の    産卵の確認    繁殖成否の   調査の必要
構造の変化   把握調査     把握調査     把握調査       調査         確認調査      なし
の把握調査                              │              │
                                    調査結果を      ┌──┴──┐
                                    工事に反映    産卵を確認  産卵は確認
                                                              されず
                                                   │           │
                                                工事工程等     │
                                                 の見直し →    │
                                                   │           │
                                               繁殖状況の    当年の調査
                                                把握調査に   の必要なし
                                                  移行
                                                   │
                                               調査結果を           ▢ 調査の区分
                                               工事に反映              を示す
```

注1：「工事工程等の見直し」とは、工事の一時中断のほか、コンディショニング等を含む。
注2：求愛期から造巣期が積雪のため実質的に工事ができない現場等を想定。
注3：「調査結果を工事に反映」には、工事工程等の見直しとして工事を一時中断していた場合で、調査結果として繁殖の失敗が確認できた場合には、その時点から工事を再開できる等の例が考えられる。

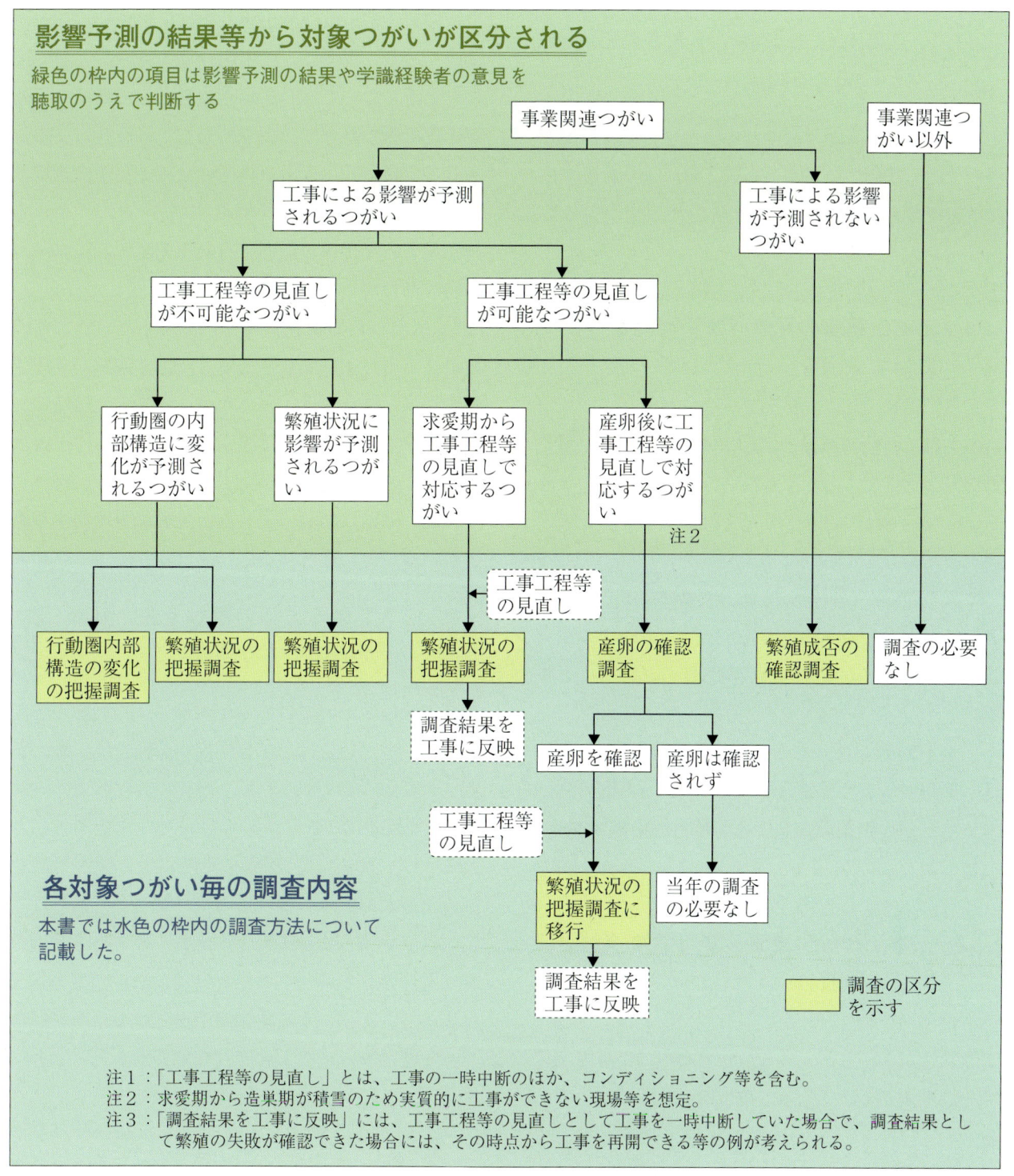

図－51　工事期間中に行う調査内容の選定フロー

2.1.1 工事による影響が予測されるつがいに関する調査

工事による影響が予測されるつがいとは、環境影響の予測・評価の結果から当該工事により行動圏内部構造や繁殖状況の変化が予測されるつがいをいう。

(1) 工事工程等の見直しが不可能なつがいに対する調査

工事工程等の見直しが不可能なつがいとは、つがいの生息・繁殖に影響を与える可能性がある工事の工程等を見直すことができないつがいを示す。一般的にはダム本体のコンクリート打設工事等が工事工程等の見直しが不可能に相当する。

これらのつがいについては、工事による影響の有無を把握するため調査を実施する。なお、この調査結果は今後のダム事業への活用も図られることとなる。

工事工程等の見直しが不可能なつがいについては、予測される影響の程度に応じて「行動圏の内部構造の変化の把握調査」や「繁殖状況の把握調査」を行うこととなる。

(2) 工事工程等の見直しが可能なつがいに対する調査

工事工程等の見直しが可能なつがいとは、工事による影響が予測されているつがいの中で工事の工程等を見直すことができる工事に関係するつがいである。

工事工程等の見直しのタイミングには様々なケースが考えられるが、ここでは求愛期から工事工程等を見直す場合と、冬季に積雪で工事ができないため実質的な工程の見直し時期が抱卵期になるケース（産卵後に工事工程等を見直すケース）を設定して記載している。

求愛期から工事工程等を見直す場合には、当該地域の過去の現地調査結果から求愛行動の開始時期を整理し、その時期から工事工程等を見直したうえで、「繁殖状況の把握調査」を行う。この際、繁殖状況の把握調査結果は随時工事計画に反映させることが重要である。例えば、工事工程等の見直しとして工事を中断していた場合、調査結果として繁殖の失敗が確認できた時点で、調査結果を工事計画に反映させることにより、工事を再開させることができる。

産卵後に工事工程等を見直す場合には、「産卵の確認調査」を行い、産卵の有無を確認する。産卵が確認された場合には工事工程等を見直したうえで、「繁殖状況の把握調査」を行い、前述と同様にその結果を工事計画に反映させる。一方、産卵が確認されなかった場合には、当該繁殖シーズンの繁殖は失敗と判断できるため、工事工程等の見直しの必要はなく、その後の調査の必要もない。ただし、クマタカは早い時期に繁殖に失敗した場合は再産卵する場合があることに注意する。

2.1.2 工事による影響が予測されないつがいに関する調査

事業関連つがいではあるが工事による影響が予測されないつがいには、工事期間中を通じて影響が予測されないつがい（例えば、湛水による影響のみが予測されるつがい）や、ある期間だけ影響が予測されるつがい（例えば、工事初年度には影響が予測される工事があるものの、その後は影響が予測される工事はないようなつがい）がある。ある期間だけ影響が予測されるつがいの場合には、工事の実施状況によって、工事による影響が予測されるつがいに含まれる繁殖シーズンと含まれない繁殖シーズンとに区分される。

ある期間だけ影響が予測されるつがいに対しては、工事による影響が予測されない繁殖シーズンについても、事業による影響の有無を判断する基礎資料とするために、「繁殖の成否の確認調査」を実施する。

また、工事期間中を通じて影響が予測される工事がない場合（行動圏の一部が湛水区域と重複している場合など）でも、後述するダム完成後の調査での基礎資料とするため、「繁殖の成否の確認調査」は実施しておくことが望ましい。

> **工事期間中の調査の対象**
>
> 本書では工事期間中の調査は事業関連つがいを対象とすることとした。これは工事中に最も影響を受ける個体は繁殖つがいであると考えたからである。しかし、工事区域周辺につがいは生息していないものの、つがいを形成していない若鳥等が工事区域周辺を主要な狩り場として利用している場合等については、必要に応じて工事区域周辺の利用状況を把握する調査を実施する必要がある。
>
> また、工事期間中及びダム完成後とも、事業関連つがい以外のつがいについては調査の必要はないとしたが、事業関連つがいが少ない場合には、工事の影響を比較するための対照調査として調査を実施する必要がある場合も考えられる。

2.2 繁殖状況の把握調査

2.2.1 調査目的

繁殖の進捗状況(各繁殖ステージにおける繁殖活動の状況)を確認するために調査を実施する。

造巣期にはディスプレイ、交尾、巣材採取、巣材運び、造巣行動、巣の監視などの繁殖に関する行動の有無や頻度から、当該年に繁殖兆候を示したかについて確認し、繁殖しようとした場合には巣の位置の確認に努める。抱卵期には産卵に至ったかについて確認する。巣内育雛期には孵化したかどうかについて確認する。巣外育雛期には幼鳥が巣立ったかどうかについて確認する。

2.2.2 調査方法と調査の進め方

定点観察による。イヌワシ・クマタカが確認された場合には、その位置を図面に記録するとともに、種類、個体数、行動、観察日時、性別、年齢、個体の特徴などを観察可能な限り記録する。この際、特に繁殖に関する行動についてはできる限り詳細なデータを収集する。

2.2.3 観察定点の設定

造巣期の調査地点は既知の巣が見える1〜数地点を基本とする。ただし、巣が移動する可能性も考慮し、必要に応じて既知の巣の周辺だけでなく、巣が移動した場合にもそれが確認できるような地点配置とするか、もしくは巣の移動が予測された時点で補足調査を実施する。なお、既知の巣が複数ある場合には、古巣を再利用する可能性を十分考慮した調査を行う。

抱卵期、巣内育雛期及び巣外育雛期の調査は当該年に利用していると確認された巣もしくは利用していると推定された巣を含む範囲が見える1〜数地点とする。

2.2.4 調査時期と回数

造巣期、抱卵期、巣内育雛期に各1回以上、巣外育雛期に2回以上行う。

造巣期の調査は、当該年に利用する巣(または、イヌワシの場合は営巣地、クマタカの場合は幼鳥の行動範囲)を推定するために行う。そのため、調査は最低1回以上行う。

抱卵期の調査は、産卵が行われたかを確認するために行う。そのため、調査は最低1回以上行う。

巣内育雛期の調査は、孵化したかを確認するために行う。そのため、調査は最低1回以上行う。

巣外育雛期の調査は、巣立ち後の幼鳥を確認するために行う。イヌワシの幼鳥は巣立ち後1〜2ヶ月たつと急速に行動圏が広がる(環境庁自然保護局野生生物課編、1996)ことから、調査時期については、巣立ち直後に行うことが重要であり、調査時期のタイミングに注意する必要がある。一方、クマタカの幼鳥は巣立ち後数ヶ月から長い場合は1年以上も巣の周辺に留まるため、巣立ち幼鳥を確認できる期間は長い。しかしその反面、調査時期が早すぎると、警戒心の強い個体では林の中に隠れてしまい、巣立ちの確認ができない場合があり、逆に調査時期を遅くすると、発見率は高くなるものの、そのわずかな期間の間に死亡してしまう可能性もある。このように、巣外育雛期の調査は調査のタイミングが難しい

ことから、最低2回以上行う。

なお、「工事工程等の見直し」を実施した場合については、ここで示した調査時期と回数にとらわれず、それぞれの状況に応じた計画を立案する必要がある。例えば、工事工程等の見直しとして工事を中断したものの、工事の早期再開の必要がある工事であれば、調査時期や回数を増やすことにより、繁殖の失敗もしくは巣立ちを早期に確認できる可能性があり、その結果として工事の早期再開ができる可能性がある。また、コンディショニングを実施する場合には、コンディショニング計画に合わせた調査時期、調査回数を決める必要がある。

繁殖の失敗が確認された場合はその時点で調査を終了する。ただし、クマタカの場合、再産卵を行うことがあるため注意が必要である。

2.2.5 調査日数、調査時間、調査人数

調査日数は最低3日以上とし、調査時間は9時から16時を中心に行う。調査人数は安全対策を考慮し1地点1～2名とする。調査の詳細は「第1部 工事前のダムにおける調査方法」における「1.3生息分布調査」の調査日数、調査時間、調査人数を参照とする。

2.3 繁殖成否の確認調査

2.3.1 調査目的

繁殖の成否を確認するために調査を実施する。繁殖の成否の判断は、幼鳥の巣立ちの確認で行う。

2.3.2 調査方法と調査の進め方

定点観察による。基本的な記録内容は前述の「2.2繁殖状況の把握調査」と同じであるが、特にクマタカの場合は次の点に注意が必要である。

本調査では、抱卵期及び巣内育雛期に調査をしないため、造巣期に当該年に利用する巣の位置をしっかり確認しておくことが重要である。造巣期に当該年に利用する巣の位置が確認できないと、巣外育雛期に巣立った幼鳥を見落とす可能性があるだけでなく、幼鳥が確認されなかった場合、別の場所に巣を作り繁殖に成功している可能性がなかなか否定できないためである。

また、本調査では、抱卵期及び巣内育雛期に調査をしないため、造巣期に当該年に利用する巣(または、イヌワシの場合は営巣地、クマタカの場合は幼鳥の行動範囲)を推定した後、繁殖の継続の情報のないまま巣立ちの調査を行うことになる。そのため、巣立ちの判断は慎重に行い、判断が難しい場合には必要に応じて補足調査を実施するなどの対応を図ることが重要である。

2.3.3 観察定点の設定

詳細は前述の「2.2繁殖状況の把握調査」の造巣期と巣外育雛期の調査に準ずる。

2.3.4 調査時期と回数

造巣期に1回以上、巣外育雛期に2回以上行う。

2.3.5 調査日数、調査時間、調査人数

前述の「2.2繁殖状況の調査」の造巣期と巣外育雛期の調査に準ずる。

2.4 産卵の確認調査

2.4.1 調査目的

当該年に利用する巣(または、イヌワシの場合は営巣地、クマタカの場合は幼鳥の行動範囲)を推定し、産卵が行われたかの確認を行う。

2.4.2 調査方法と調査の進め方

定点観察による。基本的な記録内容は前述の「2.2繁殖状況の把握調査」と同じであるが、前述の繁殖状況の把握調査よりもさらに、産卵の有無を確実に判断しなければならない。そのため、調査回数は産卵期に最低2回以上としているが、イヌワシ・クマタカは巣を替えることがあることから、実際には2回の調査では産卵の有無を確認できないケースが多数あると考えられる。この場合には学識経験者等の

意見を参考に補足調査の必要性等について検討する。

2.4.3 観察定点の設定

前述の「2.2繁殖状況の把握調査」の造巣期の調査に準ずる。

2.4.4 調査時期と回数

産卵時期に2回以上行う。

2.4.5 調査日数、調査時間、調査人数

前述の「2.2繁殖状況の把握調査」の造巣期の調査に準ずる。

― 産 卵 日 ―

イヌワシの産卵日は1月中旬～2月中旬、クマタカの産卵日は3月上旬～下旬と報告されている（環境庁編、1996）。

一方、クマタカの巣にビデオカメラを設置し産卵日を特定した結果、産卵日が特定できた18件のデータでは、2月下旬が2回、3月上旬～下旬が10回、4月上旬が3回、4月中旬が1回、5月上旬が2回であった。このうち4月中旬の産卵は再産卵である。このように、クマタカの産卵は概ね2月下旬から4月上旬であるが、4月中旬に再産卵が確認されたこともあり、また、5月上旬の産卵確認もあるため、産卵の有無の判断を行うに当たっては、5月上旬までは注意が必要である。

2.5 行動圏の内部構造の変化の把握調査

2.5.1 調査目的

工事期間中に行う行動圏の内部構造の変化の把握調査は、既に把握されている行動圏の内部構造が変化したかどうか、もしくはどのように変化したのかを把握するものである。そのため、調査はこれまでに把握されている行動圏の内部構造の調査結果を基に、その変化が把握できるような内容を調査する。

工事が実施されれば、当然、工事箇所は利用できなくなるし、工事箇所から一定の範囲内も利用しないか、利用頻度が下がることになる。このような変化も行動圏内部構造の変化のひとつである。しかし、ここでいう「行動圏の内部構造の変化の把握調査」では、「工事によりつがいがいなくなる」もしくは「工事により行動範囲が大きく変化する」ような場合を対象とする。

2.5.2 調査方法と調査の進め方

現地調査は基本的には定点観察とする。調査範囲は予測結果による変化の内容が把握できる範囲を対象とする。通常、複数の地点からの同時観察が必要である。

①つがいの消失、イヌワシの行動圏もしくはクマタカのコアエリアに大きな変化が予測される場合：現在のイヌワシの行動圏もしくはクマタカのコアエリア及びその周辺を含めた範囲を調査対象とする。

②イヌワシの営巣地、繁殖活動中の主要な狩り場、繁殖活動中以外の時期の主要な狩り場、クマタカの繁殖テリトリー及び幼鳥の行動範囲に大きな変化が予測される場合：現在のイヌワシの行動圏内もしくはクマタカのコアエリア内のうち、必要な範囲を調査対象とする。

調査は基本的に朝から夕刻までとする。イヌワシ・クマタカが確認された場合には、その位置を図面に記録するとともに、種類、個体数、行動、観察時間、性別、年齢、個体の特徴などを観察可能な限り記録する。

詳細は「第1部　工事前のダムにおける調査方法」における「1.4内部構造調査」に準ずる。

2.5.3 観察定点の設定

行動圏の内部構造の変化を把握するためのデータが過不足なく把握できる範囲を観察できる地点数を設定する。

2.5.4 調査時期と回数

工事によりつがいの消失が予測される場合やイヌワシの行動圏、クマタカのコアエリアに大きな変化が予測される場合には年間を通じた調査が必要となる。調査は各繁殖ステージに1回以上行う。イヌワシの営巣地や繁殖活動中の主要な狩り場、クマタカの繁殖テリトリーに大きな変化が予測される場合には求愛期から巣内育雛期までの適期（もしくは繁殖に失敗するまで）の各繁殖ステージに1回以上の調査を行う。イヌワシの繁殖活動中以外の時期の主要な狩り場に大きな変化が予測される場合には非繁殖期を中心に、1回以上の調査を行う。クマタカの幼鳥の行動範囲に大きな変化が予測される場合には巣立ち後から翌年2月くらいまでの調査が必要となる。調査回数は1～2ヶ月に1回程度行う。

調査回数については、あくまで参考であり、行動圏の内部構造の変化を把握するためのデータが過不足なく把握できる回数を設定する。

2.5.5 調査日数、調査時間、調査人数

調査日数は1回の調査で最低3日以上とする。調査時間は基本的に9時～16時頃を中心とし、必要に応じて早朝時間帯の調査を組み合わせることとする。調査人数は基本的に1地点1～2人とする。

詳細は「第1部 工事前のダムにおける調査方法」における「1.4内部構造調査」に準ずる。

観察定点を設置する際の注意点

工事期間中の調査では、繁殖状況を確認するために、巣及びその周辺を観察する機会が多くなる。一方、工事期間中の調査では、行動圏の内部構造が把握されていることを前提としているため、巣の位置（もしくは巣のある谷等）についても概ね把握できている場合が多い。そのため観察定点の位置を決める際には、これらのデータを基に「観察定点は巣に近づきすぎないような位置に設定する」といった配慮が必要である。

例えば巣の対岸から巣の中を観察できる位置に観察定点が設置できると、巣の中の繁殖に関する行動が明確に判断できるという利点があるが、その一方でイヌワシ・クマタカに対する負荷も格段に大きくなる。そのため、基本的には巣の中を観察できるような位置には観察定点は設置しないほうがよい。どうしても巣の中を観察する必要が生じた場合には、このような観察定点での観察頻度はできるだけ低くするとともに、できるだけ遠方の観察定点から、必ずブラインドを利用して観察するといった配慮が必要である。

調査終了の判断

抱卵期及び巣内育雛期の調査では、観察地点から親鳥の抱卵や育雛、もしくは卵や雛が直接観察できる場合、その内容が確認できた時点で調査は終了してよい。

一方、造巣期には複数の巣に巣材を運ぶことがあるため、1回の巣材運びだけでその年に利用する巣を特定することはできないこともある。そのため、造巣期にはできるだけ多くの繁殖に関する行動の情報や親鳥の情報を収集する必要があることから、調査は最低3日以上継続する必要がある。

巣外育雛期における幼鳥の確認調査も、1回幼鳥が確認されたからといって調査を終了するべきではない。イヌワシ、クマタカとも当年生まれの幼鳥と前年生まれの幼鳥は外見が類似しているため、1回の観察結果だけで当年生まれの幼鳥と判断することは難しい。特にクマタカでは当年生まれの幼鳥と前年生まれの幼鳥を外見から区別することは困難であり、前年生まれの幼鳥が自分の生まれた巣の周辺に戻ってくることもたびたびあるため、当年生まれの幼鳥と前年生まれの幼鳥との識別には注意が必要である。そのため、親鳥との係わり合いの内容（給餌等）や頻度、幼鳥の特徴的な行動（前年生まれの幼鳥に比べ飛翔能力が弱いこと、当年生まれの幼鳥であれば常に巣の周辺で観察されること

など)をできるだけ多く観察するためにも調査は最低3日以上継続する必要がある。

工事騒音について

工事騒音がイヌワシ・クマタカにどの程度影響を与えるかについての定量的な調査報告はない。

クマタカについては、巣に設置したビデオカメラの映像等から、単発的に発生する大きな騒音については、一瞬驚いたように騒音の方向を見るものの、その後は通常の行動に戻る行動が観察されており、工事騒音が繁殖活動に直接的な影響を与えた事例は今のところ確認されていない。一方、連続的に大きな音が発生する工事騒音については、騒音発生中はその近くを狩り場として使わなくなったという事例があり、注意が必要である。いずれにしても、騒音が与える影響については、不明な点が多く、学識者等の専門家の意見を聴取したうえで、工事ごとに適切な対応が必要である。

2.6 繁殖の継続・失敗を特徴付ける行動

繁殖の継続及び中断を判断する場合、観察定点から巣の中の行動が見えればその判断は容易であるが、実際の調査で巣の中の状況が観察できることはほとんどない。また、そのような地点があった場合でも、調査員による繁殖への影響を極力なくすという視点から、そのような調査地点の利用はできるだけ避けるべきである。そのため、繁殖の継続・失敗は、巣における抱卵や雛の存在等といった直接的な観察結果だけでなく、巣の周辺での親鳥の行動(巣の周辺での観察頻度等)を含めて総合的に判断する必要がある。

クマタカの繁殖ステージごとに観察される繁殖に関する行動と親鳥の特徴的な行動を**表－14**に示す。イヌワシについては、これほど多くの情報が得られていないことから、クマタカを参考に総合的に判断する。

なお、巣材運びや餌運び等の繁殖に関する行動は人目につかない場合が多く、繁殖を継続しているにも係わらず繁殖に関する行動が確認できない場合も多いため、繁殖の失敗の判断にあたっては、十分な調査を実施し、学識者等の専門家の意見を聴取したうえで行うことが必要である。

2.7 工事期間中のダムにおける調査のまとめ

工事期間中のダムにおいて実施する調査内容の概要を、調査期間毎に整理した(**表－15**)。

表－14(1) クマタカの繁殖ステージに特徴的な行動

時期	項　目	特　　　徴
求愛期	この時期の特徴的な行動	○ 秋になると、雄も雌も繁殖テリトリーで過ごすことが多くなる。 ○ ディスプレイは、12～1月頃から多く行われるようになる。
	繁殖の継続を特徴づける行動	○ 雌雄によるペア止まりが見られるようになる。 ○ 監視止まり、雌の誇示止まり、防衛行動が見られる。 ○ 営巣活動に至る年では、雌雄が営巣地周辺で高頻度に出現する傾向がある。
	繁殖の失敗を特徴付ける行動	○ この時期のデータのみから、繁殖中断を判断することは困難である。
	留意点	○ 本格的な求愛活動が始まる時期は、地域差や個体差があることに十分に留意する。
造巣期	この時期の特徴的な行動	○ 巣造りは1～2月頃から始まる。産卵前に最も盛んに行う。 ○ 繁殖テリトリーの防衛、ディスプレイ、交尾等の繁殖に関する行動が活発になる。 ○ 2月以降、鳴き交わしが頻繁に聞かれるようになる。朝早くから行われる。
	繁殖の継続を特徴づける行動	○ 監視止まり、雌の誇示止まり、防衛行動が高頻度に行われる。 ○ 巣材運搬が行われる。 ○ 交尾が行われる。 ○ 防衛行動(他種及び同種に対する)が高頻度に行われる。 ○ 営巣活動に至る年では、雌雄が営巣地周辺で高頻度に出現する傾向がある。
	繁殖の失敗を特徴付ける行動	○ 成鳥による前年生まれの幼鳥への養育の継続(成鳥が幼鳥の営巣地付近の滞在を容認している)。
	留意点	○ 亜成鳥や単独成鳥等の活動も活発になる。これらの個体が、ペアの営巣地周辺に出現する回数が増え、ディスプレイやペアの雌に対して交尾を行おうとする事例も観察されているので注意が必要である。
抱卵期	この時期の特徴的な行動	○ 産卵は3月上～下旬で3月下旬が多い(環境庁自然保護局野生生物課、1996)とされるが、2月下旬～5月上旬までの記録がある。 ○ 抱卵は雄も交代することはあるが、ほとんどは雌が行う。 ○ 雄は雌や雛へ獲物を供給するためにハンティングを行う。
	繁殖の継続を特徴づける行動	○ 雄による餌運搬。 ○ 鳴き交わし。 ○ 防衛行動(他種及び同種に対する)が高頻度に行われる。 ○ 雄が巣を中心とした放射状の行動パターンをとる傾向がある。 ○ 雌の行動が巣の周辺に集中し、巣周辺以外での確認頻度が低下する。
	繁殖の失敗を特徴付ける行動	○ 雌雄もしくは雌が長時間出現する。 ○ 成鳥による前年生まれの幼鳥への養育の継続(成鳥が幼鳥の営巣地付近の滞在を容認している)。 ○ 交尾が行われる。
	留意点	○ 抱卵中であっても雌雄が同時に巣から離れることもあることに留意する。
巣内育雛期	この時期の特徴的な行動	○ 孵化は、4月下旬～5月下旬であるが、5月中旬が多い(環境庁自然保護局野生生物課、1996)とされるが、4月上旬～6月上旬までの記録がある。 ○ 育雛前期には、雌が主に抱雛と雛への給餌を行う。 ○ 獲物の供給はほとんど雄が行う。 ○ 巣内雛が親鳥を待っている間に鳴く。
	繁殖の継続を特徴づける行動	○ 雄による餌運搬。 ○ 鳴き交わし。 ○ 防衛行動(他種及び同種に対する)が高頻度に行われる。 ○ 雄が巣を中心とした放射状の行動パターンをとる傾向がある。 ○ 雌の巣周辺における行動の集中傾向。

表－14(2) クマタカの繁殖ステージに特徴的な行動

時期	項　目	特　　徴
巣内育雛期	繁殖の失敗を特徴付ける行動	○ 雌雄の出現位置が集中する場所がなく、行動範囲内で分散する傾向がある。 ○ 雌雄の確認頻度が低下する傾向がある。 ○ 成鳥による前年生まれの幼鳥への養育の継続(成鳥が幼鳥の営巣地付近の滞在を容認している)。 ○ 交尾が行われる。
	留意点	
巣外育雛期	この時期の特徴的な行動	○ 巣立ちは7月中旬～8月中旬で、7月下旬に多いと考えられる(環境庁自然保護局野生生物課、1996)。 ○ 雌は巣立ち前頃から巣の周辺にあまり執着しなくなり、非繁殖期と同じような単独生活に戻る。 ○ 巣立ち後の幼鳥は、生まれた翌年の春までは営巣木から半径1km程度以内の範囲で行動する。
	繁殖の継続を特徴づける行動	○ 巣立ち後の幼鳥が巣の周辺で出現する。 ○ 雄が巣を中心とした放射状の行動パターンをとる傾向がある。 ○ 雄による餌運搬が行われる。
	繁殖の失敗を特徴付ける行動	○ 雌雄の出現位置が集中する場所がなく、行動範囲内で分散する傾向がある。 ○ 雌雄の確認頻度が低下する傾向がある。
	留意点	○ 巣立ち後の幼鳥は目立つ場所に止まっていることが多いが、巣から離れた場所や目立たない場所に滞在することもあることから、短時間の調査では幼鳥の有無を確認できないこともあるので注意が必要である。

2 工事期間中のダムにおける調査方法

表-15(1) 工事期間中のダムにおける調査方法の概要(イヌワシ)

調査時期		行動圏内部構造の変化の把握調査				繁殖状況の把握調査	産卵の確認調査	繁殖成否の確認調査
		イヌワシの行動圏の変化を調査	イヌワシの営巣地の変化を調査	イヌワシの繁殖活動中の主要な狩り場の変化を調査	イヌワシの繁殖活動中以外の時期の主要な狩り場の変化の調査			
求愛期	調査回数	1回以上		1回以上				
	主な調査目的	行動圏		繁殖期の狩り場				
造巣期	調査回数	1回以上	1回以上	1回以上		1回以上	産卵期に2回以上	1回以上
	主な調査目的	行動圏	営巣地(巣の位置の推定)	繁殖期の狩り場		・営巣地(巣の位置の推定) ・繁殖状況(交尾、造巣行動等)	産卵の確認	・営巣地(巣の位置の推定) ・繁殖状況(交尾、造巣行動等)
抱卵期	調査回数	1回以上	1回以上	1回以上		1回以上		
	主な調査目的	行動圏	営巣地(巣の位置)	繁殖期の狩り場		・営巣地(巣の位置) ・繁殖状況(産卵、抱卵)		
巣内育雛期	調査回数	1回以上	1回以上	1回以上		1回以上		
	主な調査目的	行動圏	営巣地(巣の位置)	繁殖期の狩り場		・営巣地(巣の位置) ・繁殖状況(育雛)		
巣外育雛期	調査回数	1回以上		1回以上		2回以上		2回以上
	主な調査目的	行動圏		繁殖期の狩り場		繁殖状況(巣立ち)		繁殖状況(巣立ち)
非繁殖期	調査回数	1回以上			1回以上			
	主な調査目的	行動圏			非繁殖期の狩り場			

表-15(2) 工事期間中のダムにおける調査方法の概要(クマタカ)

調査時期		行動圏内部構造の変化の把握調査			繁殖状況の把握調査	産卵の確認調査	繁殖成否の確認調査
		クマタカのコアエリアの変化を調査	クマタカの繁殖テリトリーの変化を調査	クマタカの幼鳥の行動範囲の変化の調査			
求愛期	調査回数	1回以上	1回以上				
	主な調査目的	・コアエリア ・狩り場	・繁殖テリトリー ・狩り場				
造巣期	調査回数	1回以上	1回以上		1回以上	産卵期に2回以上	1回以上
	主な調査目的	・コアエリア ・狩り場 ・営巣地(巣の位置の推定)	・繁殖テリトリー ・狩り場 ・営巣地(巣の位置の推定)		・営巣地(巣の位置の推定) ・繁殖状況(交尾、造巣行動等)	・産卵の確認	・営巣地(巣の位置の推定) ・繁殖状況(交尾、造巣行動等)
抱卵期	調査回数	1回以上	1回以上		1回以上		
	主な調査目的	・コアエリア ・狩り場 ・営巣地(巣の位置)	・繁殖テリトリー ・狩り場 ・営巣地(巣の位置)		・営巣地(巣の位置) ・繁殖状況(産卵、抱卵)		
巣内育雛期	調査回数	1回以上	1回以上		1回以上		
	主な調査目的	・コアエリア ・狩り場 ・営巣地(巣の位置)	・繁殖テリトリー ・狩り場 ・営巣地(巣の位置)		・営巣地(巣の位置) ・繁殖状況(育雛)		
巣外育雛期	調査回数	1回以上		巣立ち後から翌年の2月までに数回	2回以上		2回以上
	主な調査目的	・コアエリア ・狩り場		幼鳥の確認位置	繁殖状況(巣立ち)		繁殖状況(巣立ち)
非繁殖期	調査回数	1回以上					
	主な調査目的	・コアエリア ・狩り場					

第 3 部

完成後のダムにおける調査方法

第1部では工事前における調査方法について解説し、第2部では工事期間中の調査方法について解説した。第3部ではダムが完成した後の調査方法について解説する。ダム完成後の調査は、ダムの存在・供用時のイヌワシ・クマタカのデータを収集することにより、影響予測の結果の検証・確認を行うために実施する。また、その結果は今後のダム事業へ反映させることとなる。

3.1 完成後のダムにおける調査の考え方

完成後のダムにおける調査は、事業関連つがい（当該事業による貯水池の出現、付替道路の存在等が、イヌワシの行動圏内もしくはクマタカのコアエリア内に含まれるつがいをいう）を対象に実施する（図－50参照）。

ダムの完成後に行う調査内容の選定フローを図－52に示す。

調査計画は、つがいごとに、繁殖シーズンごとに検討する。一般的には、繁殖活動が維持されると予測されるつがいが多いため、繁殖成否の確認調査となることが多い。

調査期間は、ダム完成後から、試験湛水開始の1年前を基準に5年後まで（以下「標準調査期間」と言う）を基本とする。

また、行動圏の内部構造の変化は、湛水後すぐに現れるとは限らないことから、「行動圏の内部構造の変化の把握調査」については、学識者等の専門家の意見を参考に、必要に応じて標準調査期間を長くする。

3.1.1 貯水池の出現等による影響が予測されるつがいに関する調査

貯水池の出現等による影響が予測されるつがいとは、環境影響の予測・評価の結果から、貯水池の出現等による生息環境の減少により、行動圏内部構造や繁殖状況の変化が予測されるつがいをいう。貯水池の出現等による影響が予測されるつがいについては、その影響の程度を把握するために調査を実施する。

貯水池の出現等による影響が予測されるつがいについては、「行動圏の内部構造の変化の把握調査」や「繁殖状況の把握調査」を行うこととなる。

3.1.2 貯水池の出現等による影響が予測されないつがいに関する調査

貯水池の出現等による影響が予測されないつがいについても、事業の影響が無いことの確認のため「繁殖成否の確認調査」は実施しておくことが望ましい。

3.2 繁殖状況の把握調査

3.2.1 調査目的

繁殖の進捗状況（繁殖ステージにおける繁殖活動の状況）を確認するために調査を実施する。

造巣期にはディスプレイ、交尾、巣材採取、巣材運び、造巣行動、巣の監視などの繁殖に関する行動の有無や頻度から、当該年に繁殖しようとしたかについて確認する。抱卵期には産卵に至ったかについて確認する。巣内育雛期には孵化したかどうかについて確認する。巣外育雛期には幼鳥が巣立ったかどうかについて確認する。

3.2.2 調査方法等

調査方法、調査時期と回数、観察定点の設定、調査日数、調査時間及び調査人数については、「第2部工事期間中のダムにおける調査方法」における「2.2繁殖状況の把握調査」に準ずる。

なお、管理開始後に巣立ちが確認された場合は、その時点で調査を終了しても良い。一方、イヌワシ及びクマタカの繁殖に成功する確率が数年に1回程度であるという現状を踏まえると、管理開始後の調査期間である5年間では、巣立ちが確認できない可能性も考えられる。この場合、巣立ちが確認されるまで調査期間を延長するかどうかは、本調査結果と後述する「行動圏内部構造の変化の把握調査」結果を基に、繁殖の中断の原因を検討し、学識者等の専

3 完成後のダムにおける調査方法

影響予測の結果等から対象つがいが区分される
緑色の枠内の項目は影響予測の結果や学識経験者の意見を聴取のうえで判断する

```
                            事業関連つがい                    事業関連つがい以外
                          ┌──────┴──────┐
              貯水池の出現等            貯水池の出現等に
              による影響が予            よる影響が予測さ
              測されるつがい            れないつがい
            ┌──────┴──────┐              │
    行動圏の内部      繁殖状況に影       繁殖状況に影
    構造に変化が      響が予測され       響が予測され
    予測されるつ      るつがい           るつがい
    がい
      │              │                   │                   │                   │
  行動圏内部      繁殖状況の          繁殖状況の          繁殖成否の          調査の必要
  構造の変化      把握調査            把握調査            確認調査            なし
  の把握調査
```

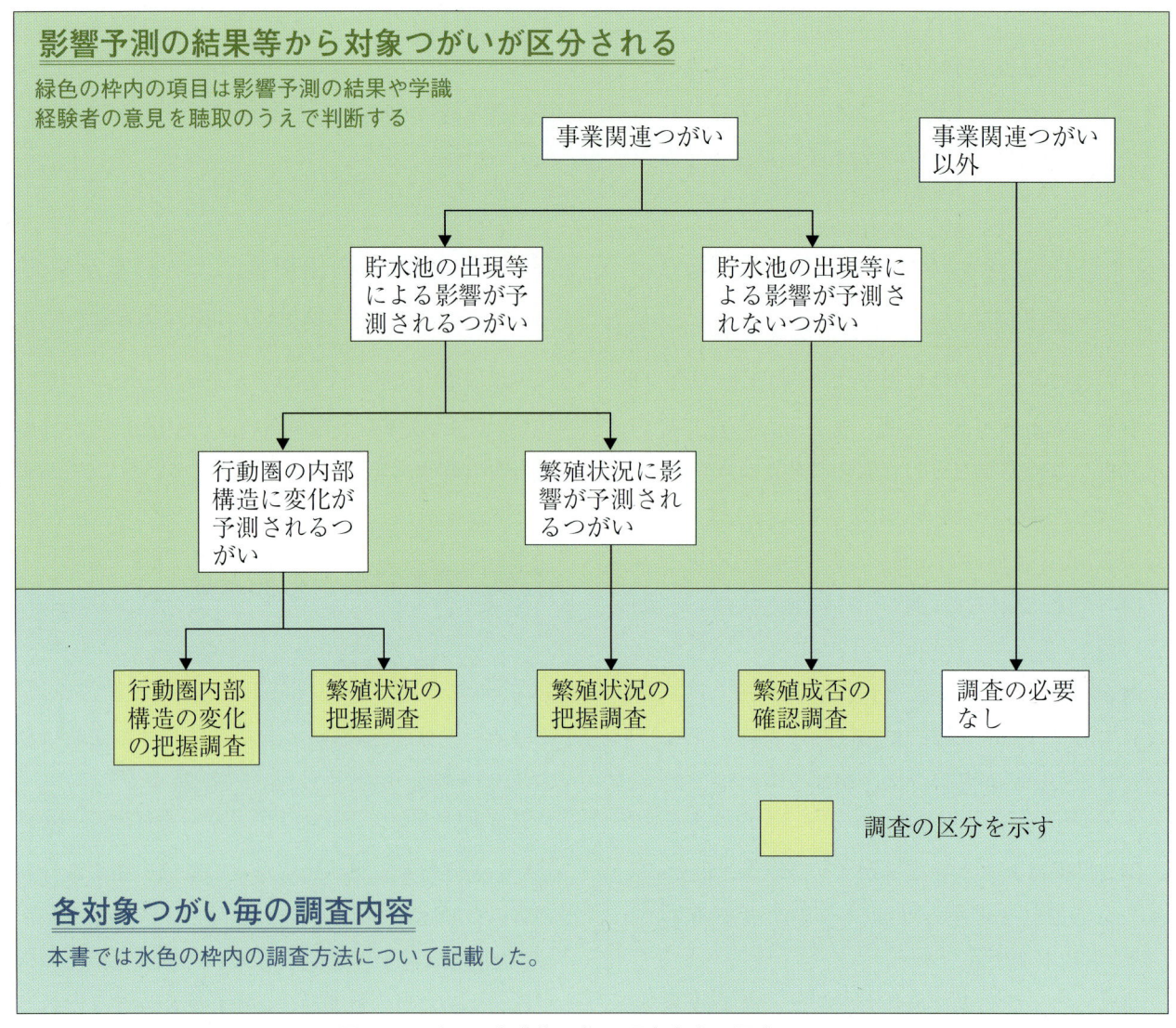

□ 調査の区分を示す

各対象つがい毎の調査内容
本書では水色の枠内の調査方法について記載した。

図-52 ダムの完成後に行う調査内容の選定フロー

門家の意見を聴取のうえで総合的に判断することとする。

3.3 繁殖成否の確認調査

3.3.1 調査目的

繁殖の成否を確認するために調査を実施する。繁殖の成否の判断は、幼鳥の巣立ちの有無で行う。

3.3.2 調査方法等

調査方法、調査時期と回数、観察定点の設定、調査日数、調査時間及び調査人数については、「第2部工事期間中のダムにおける調査方法」における「2.3繁殖成否の確認調査」に準ずる。

なお、管理開始後に巣立ちが確認された場合は、その時点で調査を終了して構わない。

しかしながら、イヌワシ及びクマタカの繁殖に成功する確率が数年に1回程度であるという現状を踏まえると、標準調査期間に巣立ちが確認できない可能性も考えられる。この場合、巣立ちが確認されるまで調査期間を延長するかどうかは、影響予測の内容について再度検討し、学識者等の専門家の意見を聴取したうえで総合的に判断することとする。

3.4 行動圏の内部構造の変化の把握調査

3.4.1 調査目的

ダムの完成後に行う行動圏の内部構造の変化の把握調査は、それまでに把握されている行動圏の内部構造が変化したかどうか、もしくはどのように変化したのかを把握する。そのため、調査は工事開始前(ただし、工事開始前のデータがない場合には工事期間中)に把握されている行動圏の内部構造の調査結果を基に、その変化が把握できるような内容を調査する。

湛水が実施されれば、当然、湛水域は利用できなくなる。このような変化も行動圏内部構造の変化のひとつである。しかし、ここでいう「行動圏の内部構造の変化の把握調査」では、「湛水によりつがいがいなくなる」もしくは「湛水により行動範囲が大きく変化する」ような場合を対象とする。

内部構造が変化した場合(特に行動圏が変化した場合)には、隣接するつがいへの影響についても確認する。

3.4.2 調査方法等

調査方法、調査時期と回数、観察定点の設定、調査日数、調査時間及び調査人数については、「第2部工事期間中のダムにおける調査方法」における「2.5行動圏内部構造の変化の把握調査」に準ずる。

3.5 完成後のダムにおける調査のまとめ

完成後のダムにおいて実施する調査内容の概要を、調査時期毎に整理した(表-16)。

3 完成後のダムにおける調査方法

表−16(1)　完成後のダムにおける調査方法の概要(イヌワシ)

調査時期		行動圏内部構造の変化の把握調査				繁殖状況の把握調査	繁殖成否の確認調査
		イヌワシの行動圏の変化を調査	イヌワシの営巣地の変化を調査	イヌワシの繁殖活動中の主要な狩り場の変化を調査	イヌワシの繁殖活動中以外の時期の主要な狩り場の変化の調査		
求愛期	調査回数	1回以上		1回以上			
	主な調査目的	行動圏		繁殖期の狩り場			
造巣期	調査回数	1回以上	1回以上	1回以上		1回以上	1回以上
	主な調査目的	行動圏	営巣地(巣の位置の推定)	繁殖期の狩り場		・営巣地(巣の位置の推定) ・繁殖状況(交尾、造巣行動等)	・営巣地(巣の位置の推定) ・繁殖状況(交尾、造巣行動等)
抱卵期	調査回数	1回以上	1回以上	1回以上		1回以上	
	主な調査目的	行動圏	営巣地(巣の位置)	繁殖期の狩り場		・営巣地(巣の位置) ・繁殖状況(産卵、抱卵)	
巣内育雛期	調査回数	1回以上	1回以上	1回以上		1回以上	
	主な調査目的	行動圏	営巣地(巣の位置)	繁殖期の狩り場		・営巣地(巣の位置) ・繁殖状況(育雛)	
巣外育雛期	調査回数	1回以上		1回以上		2回以上	2回以上
	主な調査目的	行動圏		繁殖期の狩り場		繁殖状況(巣立ち)	繁殖状況(巣立ち)
非繁殖期	調査回数	1回以上			1回以上		
	主な調査目的	行動圏			非繁殖期の狩り場		

表−16(2)　完成後のダムにおける調査方法の概要(クマタカ)

調査時期		行動圏内部構造の変化の把握調査			繁殖状況の把握調査	繁殖成否の確認調査
		クマタカのコアエリアの変化を調査	クマタカの繁殖テリトリーの変化を調査	クマタカの幼鳥の行動範囲の変化の調査		
求愛期	調査回数	1回以上	1回以上			
	主な調査目的	・コアエリア ・狩り場	・繁殖テリトリー ・狩り場			
造巣期	調査回数	1回以上	1回以上		1回以上	1回以上
	主な調査目的	・コアエリア ・狩り場 ・営巣地(巣の位置の推定)	・繁殖テリトリー ・狩り場 ・営巣地(巣の位置の推定)		・営巣地(巣の位置の推定) ・繁殖状況(交尾、造巣行動等)	・営巣地(巣の位置の推定) ・繁殖状況(交尾、造巣行動等)
抱卵期	調査回数	1回以上	1回以上		1回以上	
	主な調査目的	・コアエリア ・狩り場 ・営巣地(巣の位置)	・繁殖テリトリー ・狩り場 ・営巣地(巣の位置)		・営巣地(巣の位置) ・繁殖状況(産卵、抱卵)	
巣内育雛期	調査回数	1回以上	1回以上		1回以上	
	主な調査目的	・コアエリア ・狩り場 ・営巣地(巣の位置)	・繁殖テリトリー ・狩り場 ・営巣地(巣の位置)		・営巣地(巣の位置) ・繁殖状況(育雛)	
巣外育雛期	調査回数	1回以上		巣立ち後から翌年の2月までに数回	2回以上	2回以上
	主な調査目的	・コアエリア ・狩り場		幼鳥の確認位置	繁殖状況(巣立ち)	繁殖状況(巣立ち)
非繁殖期	調査回数	1回以上				
	主な調査目的	・コアエリア ・狩り場				

〈引 用 文 献〉

- 井上陽一、山﨑 亨（1984）：同一地区に生息するイヌワシとクマタカの食性比較、Aquila chrysaetos No.2, 14-15
- 環境省（2004年8月報道発表）：希少猛禽類調査（イヌワシ・クマタカ）の結果について
- 環境省（2006年12月報道発表）：鳥類、爬虫類、両生類及びその他無脊椎動物のレッドリストの見直しについて
- 環境庁編（1991）：日本の絶滅のおそれのある野生生物―レッドデータブック―（脊椎動物編）
- 環境庁自然保護局野生生物課（1996）：猛禽類保護の進め方（特にイヌワシ、クマタカ、オオタカについて）
- クマタカ生態研究グループ（2000）：クマタカ・その保護管理の考え方
- 須藤一成（1985）：丹波山地北部に生息するクマタカの行動圏と巣間距離、Aquila chrysaetos No.3, 23
- 名波義昭、田悟和巳、鳥居由季子、柏原聡（2006）：クマタカ *Spizaetus nipalensis* の狩り場環境の推定、応用生態工学 July 2006 Vol.9 No.1
- 日本イヌワシ研究会（1983）：日本におけるイヌワシの食性、Aquila chrysaetos No.1, 1-6
- 日本イヌワシ研究会（1986）：全国イヌワシ生息数・繁殖成功率調査報告（1981-1990）、Aquila chrysaetos No.4, 8-16
- 日本イヌワシ研究会（1987）：ニホンイヌワシの行動圏（1980-86）、Aquila chrysaetos No.5, 1-9
- 日本イヌワシ研究会、日本自然保護協会編（1994）：秋田県田沢湖駒ヶ岳山麓イヌワシ調査報告書、日本自然保護協会報告書79号
- 日本イヌワシ研究会（1997）：全国イヌワシ生息数・繁殖成功率調査報告（1981-1995）、Aquila chrysaetos No.13, 1-7
- 日本イヌワシ研究会（2001）：全国イヌワシ生息数・繁殖成功率調査報告（1996-2000）、Aquila chrysaetos No.17, 1-9
- 水野昭憲、野崎英吉、上馬康生、関山房兵、山﨑 亨、米田政明、谷口慎一郎、青井俊樹、米田一彦、藤音晃、千羽晋示、矢野 亮、萩原伸介、菅原十一、久居宣夫（1988）：人間活動との共存を目指した野生鳥獣の保護管理に関する研究、環境保全研究成果集；109.1-109.19
- 森本 栄、飯田知彦（1992）：クマタカ *Spizaetus nipalensis* の生態と保護について、Strix 11, 59-90
- 山﨑 亨（1985ａ）：鈴鹿山脈におけるイヌワシの食性と獲物探索行動、Tori 34(2/3), 83
- 山﨑 亨（1985ｂ）：鈴鹿山脈の同一地区に生息するイヌワシとクマタカの日周行動と年周行動の比較、Aquila chrysaetos No.3, 22
- 山﨑 亨、井上剛彦、藤田雅彦、上古代吉四、新谷保徳、加藤晃樹、一瀬弘道、中川望、杉本智明（1995）：森林性大型猛禽類，クマタカの保護プログラムの確立と実践、第3期プロ・ナトゥーラ・ファンド助成成果報告書、日本自然保護協会、48-55
- 山﨑 亨（1997）：イヌワシ・クマタカの生態と生態系保全、琵琶湖研究所所報第15号；66-73

本書で使用している地図は、国土交通省（旧建設省）国土地理院長の承認を得て、同院発行の2万5千分の1地形図及び数値地図25,000（地図画像）を複製したものである。（承認番号　平12総複、第351号）

ダム事業におけるイヌワシ・クマタカの調査方法〈改訂版〉

2001年(平成13年) 1 月30日	初　版発行
2009年(平成21年) 2 月19日	第 2 版発行

編集・著書　　㈶ダム水源地環境整備センター
発 行 者　　今井　貴
発 行 所　　㈱信山社
　　　　　　〒113-0033　東京都文京区本郷 6 - 2 - 9 - 102
　　　　　　TEL 03(3818)1084　FAX 03(3818)8530
発　　売　　㈱大学図書
　　　　　　TEL 03(3295)6861　FAX 03(3219)5158
印刷・製本／㈱エーヴィスシステムズ

Ⓒ ㈶ダム水源地環境整備センター、2009　Printed in Japan

ISBN978-4-7972-2084-1 C3045
無断複写・転載を禁ず